青少年探索世界丛书——

大有作为的纳米技术

主编 叶凡

合肥工业大学出版社

图书在版编目(CIP)数据

大有作为的纳米技术/叶凡主编. —合肥:合肥工业大学出版社,2012.12
(青少年探索世界丛书)
ISBN 978-7-5650-1182-5

Ⅰ.①大… Ⅱ.①叶… Ⅲ.①纳米技术—青年读物②纳米技术—少年读物
Ⅳ.①TB303—49

中国版本图书馆 CIP 数据核字(2013)第 005421 号

大有作为的纳米技术

叶 凡 著 责任编辑 郝共达

出 版	合肥工业大学出版社	开 本	710mm×1000mm 1/16
地 址	合肥市屯溪路 193 号	印 张	11.5
邮 编	230009	印 刷	合肥瑞丰印务有限公司
版 次	2013 年 6 月第 1 版	印 次	2022 年 1 月第 2 次印刷

ISBN 978-7-5650-1182-5 定价:45.00元

目　录

纳米是什么

在某期"幸运52"中，活泼幽默、妙语连珠的主持人李咏硬是把"纳米"和"大米"连在了一起。从现场观众那前仰后合的大笑中，说明大家都明白了，最普通的、人人都需要的"大米"和最先进的、科学家竞相研究的"纳米"有着本质的不同，把两者放在一起，使人体会到什么是强烈对比。

据说还有种田的农民打听纳米的种子在哪里可以买到，他们准备种一种试试。

可是纳米究竟是个什么东西呢？其实"纳米"这个词是由英文nanometer 翻译的。纳米和我们日常生活中用的米、厘米一样都是长度单位，只不过这个长度单位要比米小得多，1 纳米只有一米的十亿分之一，就是说把一米平均分成十亿份，每份就是 1 纳米。我们经常用"细如发丝"来形容纤细的东西。其实人的头发的直径一般为 20 到 50 微米，而纳米只有 1 微米的千分之一! 如果我们做成一个只有 1 纳米的小球，把这个小球放在一个乒乓球上面的话，从比例上讲就好比把一个乒乓球放到地球上面去，你能想像出 1 纳米的长度吗?大家知道原子是非常非常的小，实际上一个纳米里面能排三五个原子。大家熟悉的血红蛋白分子有 67 纳米，而一些病毒的大小也只有几十纳米。研究纳米尺度的物质就要经常和一些肉眼看不到的微小物质打交道。

关于纳米技术

纳米技术如今成了科学研究领域的热门，成为世界许多国家科学家竞相研究的领域。神奇的纳米技术真可以说是引发了人类科技领域的一场革命。那么是什么点燃了这场革命的导火索了呢?这里还不得不提到明星分子——巴基球。

瑞典皇家科学院把 1996 年诺贝尔化学奖授予美国赖斯大学教授罗伯特·阿尔和理查德·斯莫利以及英国萨塞克斯大学教授哈罗德·克罗托，以表彰他们在 1985 年发现的碳的球状结构。皇家科学院的新闻公报说，三位学者在 1985 年二次太空碳分子实验中偶然发现了碳元素的新结构——富勒式结构，由 60 个以上的碳原子组成空心笼状，其中由 60 个碳原子组成的分子，即碳 60,形状酷似足球,人们给它取了一个名字叫巴基球,用来表示。巴基球的直径只有 0.7 纳米,算得上是真正的纳米颗粒。

科学家们多年梦寐以求，希望制造一种有洞的分子来容纳或者传递不同的原子、离子,巴基球正好圆了这一梦想。目前,科学家们正尝试打开"球门",把原子、离子掺杂其中,使之成为能制取若干新型物质的分子容器。三位诺贝尔奖获得者的这一发现开创了化学研究的新领域,对宇宙化学、超导材料、材料化学、材料物理,甚至医学的研究都有重大意义。目前新发表的化学论文中很大一部分都涉及这一课题。

但纳米技术的真正倡导者是一位并不很出名的工程师埃里克·德

雷克斯勒。德雷克斯勒在 20 世纪 70 年代中期还是麻省理工学院的一名大学生,他在科技图书馆里读到遗传工程的内容时产生了灵感。那时的生物学家们还在研究如何控制构成 DNA 链的分子。德雷克斯勒想,为什么不能用原子建造无机机器呢?直到后来他才知道,费曼几乎在 20 年前就已经提出了类似的看法。这种想法让德雷克斯勒着迷,他想:为什么不建造有自行复制能力的机器呢?一台机器会变成两台。两台变成四台,然后再变成八台……这样无穷地变下去,给那些能把简单的原料加工成特定制品的机器加上这个功能,会给饥饿的人生产无穷数量的食物,或者为无家可归的人建造无数的房屋,它们还可以在人的血管里游弋并修复细胞,从而可以防止疾病和衰老。人类有朝一日可以消遣放松一下,而纳米机器人则可以像科幻小说作家描写的那样,承担世界上所有的工作。然而当时多数主流科学家对此的反应是:一派胡言!但巴基球的诞生使研究人员开始着手做这件事。

詹姆斯·金泽夫斯基是 IBM 公司设在瑞士的苏黎世研究实验室的物理学家。他和同事一起摆弄的一台隧道扫描显微镜有极其纤细的探头,能像盲人阅读盲文那样透过物质表面记录原子的存在。他们不但用 35 个氙原子拼出了 IBM 三个英文字母,而且他和他的几个同事还想用一台隧道扫描显微镜 (STM)和一些巴基球制作一个能计算的机器。1996 年 11 月他们推出了世界上第一台分子算盘。该算盘很简单,只是 10 个巴基球沿铜质表面上的一条细微的沟排成一列。为了计算,金泽夫斯基用隧道扫描显微镜的探头把巴基球拖来拖去,细沟实际上是铜表面自然出现的微小台阶,它们使金泽夫斯基可在室温下演算。

理论上金泽夫斯基的算盘储存信息的容量是常规电子计算机存储器的 10 亿倍。尽管在应用上它还很烦琐,但它显示了科学在处理十分微小的物体方面已经非常熟练。这个工作可能是迈向制造出分子般大小的

机器的第一步,移动单个分子或原子的技术是开发下一代电子元件的关键。

说到巴基球,一定要谈到它的兄弟巴基管。巴基管是碳分子材料,与巴基球有着不同的形状、相似的性质,其大小处于纳米级水平上,所以又称为纳米管。它们的强度比钢高 100 倍,但重量只有钢的 1/6。它们非常微小,5 万个并排起来才有人的一根头发丝那么宽。巴基球和纳米管都是在碳气化成单个的原子后,在真空或惰性气体中凝聚而自然形成的,这些碳原子凝聚结合时会组合成各种几何图形。巴基球是五边形和六边形的混合组合,不同的混合产生不同的形状。然而,典型的纳米管完全是由六边形组成的,每一圈由十个六边形组成,当然也有其他的结构。巴基球和巴基管具有多种性质,科研人员一直在研究它们在激光、超导领域以及医药领域的应用前景,并取得了不少成果。

法国和美国科学家发现,利用单层碳片做成的单层纳米碳管具有规则的结构和可预见的活动规律。这种极其细微的管子可用于许多领域,包括从未来的电子装置到超强材料。

人类发现一种新物质,就要研究它的性质和功能,人们发现巴基球具有很多意想不到的神奇性质。

先是日本冈崎国立共同研究机构分子科学研究所于 1993 年合成了含有 C_{60} 的新超导体。这种新超导体由钠、氮的化合物和 C_{60} 组成。据合成这种新超导体的冈崎国立共同研究机构主任井口洋夫等人介绍,他们先将氮化钠和 C_{60} 粉末按一定比例混合,然后将其置于真空中,再在 370℃的温度下烧大约 20 分钟,便合成了新的超导体。为防止这种混合物在大气中会与水蒸气发生反应,所以将其置于真空中。井口洋夫说,含 C_{60} 的新超导体在零下 258℃表现出很好的超导性能。

美国纽约州立大学布法罗分校由华裔科学家组成的一个研究小组发现,巴基球在掺入氯化碘杂质后,可在绝对温度 60 度,即零下 213℃

时产生超导现象。在该校物理系教授高亦涵、博士后研究助理宋立维以及机械航空工程系教授钟端玲、研究生符立德的这一发现之前,超导巴基球的临界温度约为零下243℃。掺入氯化碘的巴基球还具有对于未来实际应用十分有利的空气稳定性。研究小组称,新发现的超导巴基球在置于空气中40天之后,依然可以探测到超导特性。而这是以前发现的超导巴基球并不具备的性质。

法国和俄罗斯科学家利用巴基球研制成一种新的材料,其硬度至少和金刚石相当,并能在金刚石表面刮擦起痕。据英国《新科学家》杂志报道,法国巴黎全国科学研究中心的物理化学家亨里·斯兹瓦赫同莫斯科高压物理学研究所的科学家,在高压条件下使用60个碳原子构成的碳球晶体化而制成了这种超强聚合物材料。斯兹瓦赫说,他们原来是打算利用 C_{60} 制造金刚石,没想到结果获得的是另一种更坚硬的物质。他们利用的是俄方高压物理研究所的机器,机器的中心是两个锥形金刚石,他们把 C_{60} 材料置于其中一个金刚石的表面上,然后施以大约20个千兆帕斯卡的高压(大约相当于20000个大气压)。在这同时,旋转这两个锥形金刚石,以产生一种压力。法国科学家介绍说,当碳球材料在12个千兆帕斯卡压力作用下时就开始向新材料转变,但是施加更大的压力之后这个转变过程才能全部完成。

人们还对巴基球在药物方面的应用作了研究。日本京都大学、东京大学等相继发现球形碳原子" C_{60} "能抑制癌细胞增殖、促进细胞分化,有望成为治疗癌症的新药。京都大学生物医疗工程研究中心发现,将球形碳原子注入白鼠的癌细胞后,在光的照射下就能产生破坏癌细胞的活性酶,可有效地抑制癌细胞的增殖。东京大学和日本厚生省国立卫生研究所也分别在试管实验中发现,球形碳原子的化合物同其他抗癌药物同时使用,能够提高医疗效果、促进细胞分化。

美国科学家则发现，C_{60}有保护脑细胞的作用，可望用它制造治疗中风等疾病的药物。美国华盛顿大学医学院的一个科研小组把它进行了改造，使其能溶于水，再将它的水溶液注入老鼠体内，结果发现该水溶液能吸收可引起机体功能退化的自由基，并能够防止脑细胞因缺少氧和葡萄糖而解体。研究人员解释说，C_{60}是一种中空的大型无机分子，因而能吸引机体内的一些有害分子。

除了对巴基球本身进行研究之外，人们还对许多其他类似巴基球的分子进行了研究。日本国立材料和化学研究所同日产公司合作，通过计算机模拟，得出了有可能用 60 个氮原子合成类似巴基球结构的 N_{60}分子的结论。计算机模拟的结果显示，N_{60}分子与 C_{60}分子会有相似的结构，但稳定性较差。具体合成过程中，或许需要对氮气进行冷冻或加压，然后运用高强度激光照射，由此产生的分子团可能会具有强烈的挥发性，在受热情况下瞬间恢复气体状态，并释放出大量的能量。参与研究的科学家设想，利用这些性质，N_{60}分子可能会成为具有商业化应用潜力的炸药或火箭燃料。计算机模拟也表明，N_{60}分子如果用作火箭燃料，产生的动力会比目前火箭中使用的液态燃料高出 10%。

巴基球研究可能对解开宇宙形成之谜提供答案。美国科学家在陨石中发现了巴基球。这一成果证实了最早在实验室中发现并合成的球状结构碳分子在自然界中同样存在，它是继金刚石和石墨后人们发现的碳的第三种同素异形体。这块名为"阿连德"的陨石 1969 年落于墨西哥境内。美国夏威夷大学和美国宇航局的科学家在研究中首先用酸对陨石碎片样品进行了脱硫处理，然后将这些残渣放入有机溶剂，最终分离出球状碳元素，他们在英国《自然》杂志上详细介绍了有关的研究过程。科学家早先在陨石坑周围的沉积物中就曾发现过球状碳，但科学家们在"阿连德"陨石中发现的球状碳不仅包含大量 C_{60}，而且还有从 C_{100}

到 C₄₀₀ 等一系列原子数更高的碳分子结构。据悉,在自然界发现原子数如此之高的球状碳分子尚属首次。科学家们指出,"阿连德"陨石中存在球状碳,这对研究该陨石形成时期,太阳系中原始星云和尘埃物质的状况将有所帮助。另外,新发现也意味着在研究地球早期形成历史时,可能应考虑该种特殊结构碳分子所起的作用。因为空心笼状的这些碳分子具有较强的吸附气体能力,携带球状碳的陨石落到地球后,不仅可为地球带来碳元素,而且也有可能对地球大气构成产生相当大的影响。

科学家还用巴基球搞起了艺术品。在 1998 年世界杯足球赛期间,德国化学家突发奇想,在分子水平上制造了一座"大力神"金杯复制品。这一微型金杯最终被慷慨地赠予冠军得主法国队。微型"大力神"杯由单分子制成,高仅为 3 纳米,还不到高 36 厘米的真正"大力神"杯的亿分之一。作为国际足球界最高荣誉的象征,"大力神"金杯图案由两个大力神背对背高举双臂,背托一个地球而构成的。德国埃朗根—纽伦堡大学化学家赫希及其学生在研究中发现,一些具有特殊形状的分子,可成为在微观尺度上制造"大力神"杯复制品的理想材料。赫希等利用被称为"巴基球"的 C₆₀ 分子来模拟"大力神"杯中的地球图案,"巴基球"分子结构呈空心笼状,酷似微型足球,而微型"大力神"金杯底座则由一种杯状分子制成。赫希认为,这一特殊的结构很可能在科学上也能找到用途。他介绍说,光照射至"巴基球"分子后,会产生单电子而进入制造底座的杯状分子。如果能俘获这一单电子并将其引入电通路,那么分子"大力神"杯有可能用来制造新型太阳能电池。

巴基球如此神奇,可是要想制造它们就不那么容易了,迄今为止这种神奇的小球的价格还是远远超过了黄金。这就为科学家们提出了新的挑战,促使他们寻找新的制造方法。尽管还不知道新方法将是一个什么样的过程,但是科学家们相信一定会找到这种新方法的。如果真能在

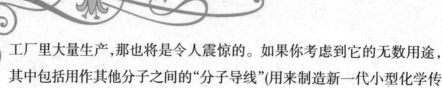

工厂里大量生产，那也将是令人震惊的。如果你考虑到它的无数用途，其中包括用作其他分子之间的"分子导线"(用来制造新一代小型化学传感器)，用作能"感觉"的物体，表面单个原子结构的纳米探头的顶端 (用来测试超纯硅芯片的质量)以及用作理想的结晶基。

在对巴基球热火朝天的研究中，中国科学家也不甘落后。他们采用计算的方法对巴基球的分子结构进行了精确的计算，得到的数据对实验非常有价值。

近年来，我国科学家在 C_{60} 的制备与分离技术方面也取得重大进展。中国科技大学设计建成的合肥国家同步辐射实验室的光谱实验站在 C_{60} 真空紫外吸收光谱的研究中取得令人鼓舞的成果，对 C_{60} 的研究是国际上继"超导热"之后的又一热门课题，这个实验站获得的阶段性成果在国内外均是首创性的。复旦大学、上海原子核研究所等单位组成的 C_{60} 课题攻关组，自行设计并建立的这套 C_{60} 制备装置，其含量稳定在15%左右，最高可达18%，日生产能力为30 至 35 克。他们对分离方法做了重大改进，用新工艺可分离得到纯度99.5%以上的 C_{60}。

巴基球奇妙的结构和神奇的性质激发了科学家们的灵感，使他们不断地感知到微观世界的奥妙，种种奇思妙想也同时应运而生，神奇的纳米世界的大门终究会被我们人类一点一点地打开。

纳米微粒

假如给你一块橡皮,你把它切成两半,那么它就会增加露在外面的表面,假如你不断地分割下去,那么这些小橡皮总的表面积就会不断增大,表面积增大,那么露在外面的原子也会增加。如果我们把一块物体切到只有几纳米的大小,那么一克这样的物质所拥有的表面积就有几百平方米,就像一个篮球场那么大。随着粒子的减小,有更多的原子分布到了表面,据估算当粒子的直径为 10 纳米时,约有 20% 的原子裸露在表面。而平常我们接触到的物体表面,原子所占比例还不到万分之一。当粒子的直径继续减小时,表面原子所占的分数还会继续增大。如此看来,纳米粒子真是敞开了胸怀,不像我们所看到的宏观物体那样,把大部分原子都包裹在内部。

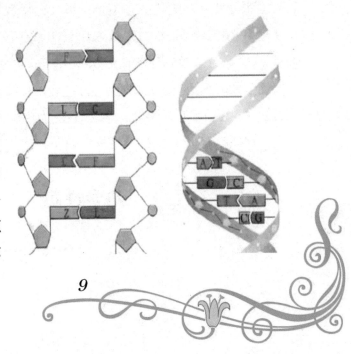

正是由于纳米粒子敞开了胸怀,才使得它具有了各种各样的特殊性质。我们知道原子之间相互连接靠的是化学键,表面的原子由于没能和足够的原子连接,所以它们很不

稳定,具有很高的活性。用高倍率电子显微镜对金的纳米粒子进行电视摄像,观察发现这些颗粒没有固定的形态,随着时间的变化会自动形成各种形状,它既不同于一般固体,也不同于液体;在电子显微镜的电子束照射下,表面原子仿佛进入了"沸腾"状态,尺寸大于 10 纳米后才看不到这种颗粒结构的不稳定性,这时微颗粒具有稳定的结构状态。超微颗粒的表面具有很高的活性,在空气中金属颗粒会迅速氧化和燃烧。如果要防止自燃,可采用全面包覆或者有意识地控制氧化速率,使其缓慢氧化生成一层极薄而致密的氧化层。

概括一下,纳米颗粒具有如下一些的特殊性质。

光学性质

纳米粒子的粒径(10~100 纳米)小于光波的波长,因此将与入射光产生复杂的交互作用。纳米材料因其光吸收率大的特点,可应用于红外线感测材料。当黄金被细分到小于光波波长的尺寸时,即失去了原有的富贵光泽而呈黑色。事实上,所有的金属在超微颗粒状态都呈现为黑色。尺寸越小,颜色愈黑。银白色的铂(白金)变成铂黑,金属铬变成铬黑。由此可见,金属超微颗粒对光的反射率很低,通常可低于 1%,大约几微米的厚度就能完全消光。利用这个特性,可以将纳米粒子制成光热、光电等转换材料,从而高效率地将太阳能转变为热能、电能。此外,又有可能应用于红外敏感元件、红外隐身技术等。

热学性质

固态物质在其形态为大尺寸时, 其熔点往往是固定的, 超细微化后,却发现其熔点将显著降低,当颗粒小于 10 纳米量级时尤为显著。例如,金的常规熔点为 1064℃,当颗粒尺寸减小到 10 纳米时,熔点则降低 427℃,2 纳米时的熔点仅为 327℃左右;银的常规熔点为 670℃,而超微银颗粒的熔点则可低于 100℃。因此,超细银粉制成的导电浆料可以进行低温烧结,此时元件的基片不必采用耐高温的陶瓷材料,甚至可用塑料。采用超细银粉浆料,可使膜厚均匀,覆盖面积大,既省料又具有高质量。日本川崎制铁公司采用 0~1 微米的铜、镍超微颗粒制成导电浆料可代替钯与银等贵金属。超微颗粒熔点下降的性质对粉末冶金工业具有一定的吸引力。例如,在钨颗粒中附加 0.1%~0.5%重量比的超微镍颗粒后,可使烧结温度从 3000℃降到 1200℃~1300℃,以致可在较低的温度下烧制成大功率半导体管的基片。

 # 磁学性质

人们发现鸽子、海豚、蝴蝶、蜜蜂以及生活在水中的趋磁细菌等生物体中存在超微的磁性颗粒,使这类生物在地磁场导航下能辨别方向,具有回归的本领。磁性超微颗粒实质上是一个生物磁罗盘,生活在水中的趋磁细菌依靠它游向营养丰富的水底。通过电子显微镜的研究表明,在趋磁细菌体内通常含有直径约为 2 纳米的磁性氧化物颗粒。这些纳米磁性颗粒的磁性要比普通的磁铁强很多。生物学家研究指出,现在只能"横行"的螃蟹,在很多年前也是可以前后运动的。亿万年前螃蟹的祖先就是靠着体内的几颗磁性纳米微粒走南闯北、前进后退、行走自如,后来地球的磁极发生了多次倒转,使螃蟹体内的小磁粒失去了正常的定向作用,使它失去了前后进退的功能,螃蟹就只能横行了。

力学性质

　　陶瓷材料在通常情况下呈脆性，然而由纳米超微颗粒压制成的纳米陶瓷材料却具有良好的韧性。因为纳米材料具有大的界面，界面的原子排列是相当混乱的，原子在外力变形的条件下很容易迁移，因此纳米陶瓷材料能表现出甚佳的韧性与一定的延展性，使陶瓷材料具有新奇的力学性质。美国学者报道氟化钙纳米材料在室温下可以大幅度弯曲而不断裂。研究表明，人的牙齿之所以具有很高的强度，是因为它是由磷醉钙等纳米材料构成的。至于金属、陶瓷等复合纳米材料，则可在更大的范围内改变材料的力学性质，其应用前景十分宽广。

纳米陶瓷

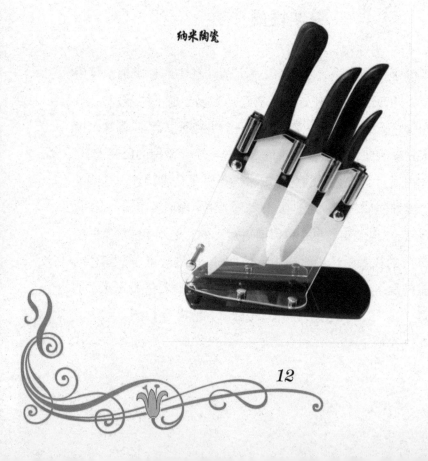

微空间的世界

　　如今纳米技术淘金热出现了，但是人们也面临一个根本性的科学问题。人们越来越清楚地认识到，我们只是刚刚开始获得那些将来会成为纳米技术核心的具体知识。这门新科学涉及原子和分子集合体的性质和变化，就其规模而言还没有大到称得上宏观，但远远超越了我们所说的微观范畴。这是中尺度科学，我们必须理解它，否则很难制造出现实可用的设备。

　　今天的科学家和工程师们很乐于建造从一百到几百纳米为单位的纳米结构——确实很小，但是比单个分子还是大得多。对这种中尺度物质通常很难进行研究。它包含了太多的原子，因此难以简单地运用量子力学来解释(尽管基本法则仍然适用)。然而这些系统又没有大到足以完全摆脱量子的影响；这样一来，它们就不再完全遵守支配宏观世界的经典物理学的规律了。恰恰在这个中间区域，这个中级世界，出现了集体系统的一些不可预见的特性。

　　在1959年，甚至到1983年为止，纳米世界的整个实际情况还远远没有明朗化。研究人员可以得到的好消息就是大体上，它还是它！那么多的陌生领域有待探索。当我们开始钻研时，会发现我们必须理解所有的现象，然后实用的纳米技术才会成为可能。过去20年里，支配中尺度运动的全新物理学基本原理得到了阐明。让我们来看3个重要的例子。

　　1987年秋天，德尔夫特理工大学的研究生巴尔特·威斯和菲利普研

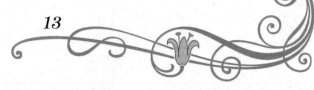

究实验所的亨克·豪滕(均在荷兰)以及其他合作者正在研究电流从现在称为的量子点接触器通过的情况。他们预计只会看到很小的传导效果，不会有流畅而显著的背景图像。但是图像却非常明显而且呈现为现在被认为很典型的阶梯状。当天晚上他们进行了进一步分析，发现高峰期每隔一定的间歇就会出现。

这个发现代表了对电导量化的第一次有力演示，预示着"中型时代"的黄金时期的到来。

另一个重要例子是关于新近发现的导致纳米技术诞生的中尺度法则。这个构想首先是由莫斯科国立大学的一位年轻物理学教授康斯坦丁·利哈廖夫于 1985 年提出的，同他合作的还有他的博士后学生亚历山大·佐林和本科生德米特里·阿韦林。他们预测科学家将能够控制单个电子进入或离开所谓的库仑岛——与纳米电路和其他部分轻微连接的一个导体。这会为一种叫做单电子晶体管的全新设备的产生创造基础。

这种设想越来越具有技术上的重要性。到 1987 年，纳米制造方面的进展使贝尔实验室的西奥多，富尔顿和杰拉尔德·多兰得以制造出第一个单电子晶体管。

1999 年夏末，科学家终于开始观察到有热流通过氮化硅纳米桥。即使在这些最初数据中，热流在中型结构下的基本极限也显示出来了，现在这个极限的表现被称为热传导量。

这个量值对于纳米电子学是一个重要的参量；它反映了能量消散问题的最终极限。简而言之，所有"有源"的器件都需要一些能量来运行，为了让它们稳定运行并且避免过热，我们必须设法把它们产生的热量散发掉。由于工程师们总是尽力增加晶体管的密度和微处理器的频率，如何保持微型芯片冷却以避免系统瘫痪成了一个很大的问题。而在

纳米技术中,这个问题只会更加严重。

从以上3个例子中我们可以得出这样的结论:我们只是刚刚开始了解纳米系统运行的复杂性和截然不同的运行方式。我们发现电子和热传导量以及库仑阻塞的观测结果是不连贯的——这些发现令我们的思想发生了巨大转变。现在我们已经不习惯把自己的发现称为"法则"。然而我们确信,电子和热传导的量化和单电子充电现象确实是纳米设计中普遍适用的法则之一。它们是纳米世界的新法则。它们并不与范曼最初的构想相抵触,而是对其部分内容的扩充和说明。在通向真正的纳米技术的道路上,我们将发现更多的不连贯性。

当然,在发掘纳米级设备的潜力之前,我们还必须解决很多难题,尽管每个研究领域有各自的侧重点,还是会存在某些共同感兴趣的课题。例如,目前在研究纳米机械系统时面临的两个根本问题就和一般的纳米技术有关。

问题1:宏观世界和纳米世界之间的信息传达问题。纳米电子机械系统是极其微小的,而它们的动作幅度还要小得多。为了使这种机械系统能够向宏观世界传递信息,我们必须建立高效的传感器,信息的读取需要更高的精确性。

纳米世界和宏观世界传达信息的困难反映了纳米技术发展过程中的普遍问题。这一技术最终要依靠强大而精心设计的信息传导路径来输送来自个体高分子的信息。未来主义者的伟大设想中可能会出现自我编程纳米机器人,这种机器人将只在最初启动时需要宏观世界的指导,但是在我们有生之年,纳米技术的应用很可能必须借助向宏观世界汇报然后接受反馈和控制的模式。信息传输问题仍然是核心问题。

问题2:表面积问题。在我们从宏观电子机械系统微化到纳米电子机械系统的过程中,设备物理学越来越取决于表面积。固态物理学的基

础在很大程度上建立在物体表面积对体积的比率无穷小的前提上，这意味着其物理特性总是取决于体积。纳米级系统实在太小了，因此这个假设彻底被打破了。

未来主义思想对取得巨大进展是至关重要的。它会为我们树立大胆而疯狂的目标，让我们为之奋斗。这一点对于纳米科学也同样适用。但是在保持未来主义梦想的同时，我们也需要使自己的期望符合实际。科学家们已经对构成中子、质子和电子的基本粒子进行了研究并且有了相当的了解，这三种粒子对于化学家、物理学家和工程师都具有极其重要的意义。但是我们仍然不能有把握地预测，这三种元素构成物组合在一起之后，将会产生多么复杂的变化。

原子与纳米技术

从最原始的双透镜开始，显微镜技术经历了漫长的发展过程。现在，我们能够观测物质最细致的结构并检测单个原子的行为。我们可以深入研究物质的结合方式，并真实地观察化学家从前仅从理论上推测的事情。通过模仿物质在基本阶段的形成方式，科学家能够创造一类全新物质：纳米材料。

诺贝尔奖得主霍斯特·斯托默是朗讯科技公司贝尔实验室的研究人员，他让我们对未来有了一点认识："科学给了我们摆弄组成自然最基本的元素——原子和分子的工具。每件东西都是由它们组成的。创造新事物的可能性似乎是无限的。"

纳米材料是能够极为精确地决定其构造的物质。一纳米是十亿分之一米，宽度是人的毛发的十万分之一。通过化学和物理控制，科学家们了解到如何在纳米水平对一定物质的结构进行控制，在这种标准下，几乎可以对单个分子进行控制。

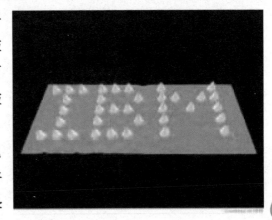

一些新成立的公司已经对这种材料研究了若干年，其中许多企业是从大学

分离出来的。这些公司开始具备商业影响力。据估计，随着纳米技术在各个领域发现新的用武之地——从新型防晒霜到电脑屏幕和削铁如泥的刀子——未来10年纳米材料的市场总额在50亿美元到100亿美元之间。

严格地讲，纳米材料是指结构可以控制在100纳米以内的物质。纳米材料有许多优点。以传统方式生产的材料在合成时会出现粗糙和不规则感，并有许多缺陷，而纳米材料却接近完美。通过在如此小的尺度上定义物质的结构，科学家们能够创造出规则的、无可挑剔的、甚至是完美无瑕的东西。以最基本的元素生产材料，提高了最终投入应用的产品的功效，而粒子形状对该阶段至关重要。例如，德国一家生产金刚石的公司研制了一种金刚石解剖刀，其制作方式是在硅表面将碳原子按照金刚石的结构排列。由于这种金刚石是构建而不是打磨成的，因此，这种解剖刀的刃比普通刀刃要锋利许多倍。

同样，纳米材料能够用于计算机屏幕的生产，提高画面质量。以纳米技术构建的无机材料粒子显示出的光、磁和电特性比普通粒子要好。

英国奥克森尼卡公司利用化学家称作"胶体沉淀"的过程，找到了两种生成磷粒子的方法，这种磷粒子的形状比以传统方式——通过轰击大块物质生成的磷粒子更加完美。因为轰击而得到的磷表面粗糙，普通的电视和计算机屏幕需要以3万伏电压驱动的电子枪来诱导磷发光。奥克森尼卡公司证明，它研制的造型完美的磷，其功效要高得多，所需电子枪的驱动电压仅为500伏。

粉末状的纳米材料结构更细致，更光滑，比传统生成的化合物的表面积大。因此，纳米材料在油漆、涂层和催化等方面也大有前途，在这些过程中，分子都会集中到表面发生反应。

从事纳米技术咨询的CMP—科学公司首席执行官蒂姆·哈珀说："催

化是非常重要的一项应用,因为纳米材料的表面积比传统生成的物质大30%。"在医学方面,服药效果也会因为纳米技术的应用而得到改善。

德国银行显微技术创新小组的斯蒂芬·米耶克指出了纳米技术在修复学中的医学应用,纳米粒子形成的薄膜可用于涂覆关节。

纳米技术将来甚至可用于防止环境污染的保护措施。在美国政府资助的研究机构——桑迪亚国家实验所中,杰夫·布林克尔正在研制一种智能薄膜,它实现了分子阶段的物质过滤。

布林克尔博士是一位纳米技术学家,他研制了一种表面积大、具有完全规则纳米结构的超薄涂层。这种涂层带有只允许一定尺寸分子进入的孔,因此可用作化学传感器来控测分子,其灵敏度比传统材料高500倍。

布林克尔博士的研究指明了研制"智能"薄膜的方法,这种薄膜可以根据临近的分子打开或关上孔,从而使带有环境污染物的空气或水得到净化。

纳米的作用

爱因斯坦以糖在水中扩散的实验数据计算出单个糖分子的体积，作为他博士论文的一部分。他的研究证明，每个分子的直径大约为一纳米。

尽管生物医学研究、癌症防治和建立导弹防御体系依然是科学研究的重点，纳米技术已经成为科学技术中最活跃的学科。该领域结合了与建造微型产品相关的所有知识。该学科不拘一格地借鉴了凝聚态物理学、工程学、分子生物学和大量的化学知识。曾自称是材料学家或有机化学家的研究人员变成了纳米技术学家。

纯粹的学院派可能更愿意形容自己是中尺度工程师。但是，"纳米"一词引发了争论。

电子芯片集成电路体积的逐渐缩小引发了人们对纳米的大部分兴趣。具有大型研究实验室的计算机公司，例如，国际商用机器公司(IBM)和惠普公司，实际上都有纳米研究计划。一度普及的硅电子设备风光不再，也许在未来10年到25年中的某个时期，新型纳米技术电子设备很可能会取代它们。没有人知道，利用纳米管或其他某种新型材料生产电子设备是否会使芯片的性能不断提高，而成本不会相应增加。

即便分子级晶体管不会在奔腾XXV处理器中处理"0"或"1"，由纳米技术学家制成的电子设备可能会成为揭示最小型机器奥秘——生物学细胞唯一的设备。其实，在后硅时代的纳米计算机出现之前，生物纳

米就在寻找真正的用途。由半导体材料制成数量相对较少的纳米标牌在探测细胞活动中是必需的，这与纳米计算机中数十亿或数万亿晶体管同时工作、发挥功能的情况相反。量子点公司已经开始利用半导体量子点作为生物实验、药物发现研究和诊断测试的标注，它还具有其他方面的应用。

在生物学领域之外，最早的一批产品涉及利用纳米粒子来提高基本材料的性能。例如，纳米态技术公司是该领域公开上市的为数不多的几家公司之一，该公司生产用于遮光剂的纳米级氧化锌粒子，由于微小粒子不散射可见光，因此，使通常为白色的霜剂变成了透明的。

美国政府的纳米技术研究不止于遮光剂。它认为，以纳米技术制成的材料可能有助于缩小太空飞船的体积、重量和能量需求，创立使多余副产品的产出量降到最低程度的绿色生产工厂，构成以分子工艺生产的生物可降解杀虫剂的基础。该领域的范围如此广阔，一些纳米分科的基础研究仍然处于新兴阶段，因此，引起了人们对纳米技术实现宏伟技术目标能力的担忧，这些目标的实现可能需要20年的时间。

任何先进研究本身都带有风险。但是，纳米技术却承担着特殊责任。由于人们将"纳米"一词同一批未来学家相联系，这些学者预计纳米是通向技术乌托邦——无可比拟的繁荣、无污染产业、甚至是类似永生的东西的道路，因此纳米研究为赢得人们尊重的努力受到了影响。

由于该领域试图统一各应用学科，它必须显示出结合各种具有广泛差别的研究工作的好处。研究用于遮光剂的纳米粉末的科学家和工程师与那些进行DNA计算工作的人的兴趣一致吗？在某些情况下，这些学科交叉的梦想也许是能够实现的。最初为电子设备研制的半导体量子点如今用以探测细胞的生物活动，这便是此类学科交叉研究工作原则的力证。

如果纳米结合在一起，事实上，它能够为新的工业革命奠定基础。

但是,如果要成功,它需要摒弃的不仅是纳米机器人使冰冻僵尸复活的空话,还要摒弃可能使新的大规模融资偏离轨道的激烈争论。

我们是否真的需要继续制造更小的电路?硅微电子元件的微型化是如此的势不可挡,以致这个问题很少引起人们的注意——也许只有当我们买了一台新电脑,在离开商店的时候却发现它已经过时了的时候才会有所注意。目前新型的微处理器有 4000 万个以上的晶体管。到 2015 年,这一数字将会接近 50 亿。然而,在未来的 20 年中,这一迅猛的发展势头将受到科学、技术和经济发展水平的限制。

如字面含义所示,微电子元件指的是边长仅有 1 微米的元件(但最新的元件已经缩小到几乎只有 100 纳米)。超越微电子元件意味着仅仅把元件缩小为原来的十分之一到千分之一是远远不够的,它还涉及我们对把一切组合在一起的看法出现的模式转换。

微电子元件和纳米电子元件都需要三个层次的结构。最基本的材料通常是晶体管或纳米替代品,这是一种可以控制电流并放大信号的转换器。

下一个组成部分是互联器——连接晶体管以进行算术和逻辑运算的导线。

最高层次是工程师们所说的体系结构——晶体管互联的整体方法,这样线路就可以插入计算机或其他系统,进行独立于较低层次具体组成部分的操作。尽管纳米电子学研究人员还没有开始试验不同的体系结构,但是我们确实了解他们将能够利用怎样的能力,以及需要弥补怎样的不足。

然而,在其他方面,微电子元件和纳米电子元件是完全不同的。很多人认为,从一方转到另一方需要从自顶向下的制造方法转为自底向上的方法。

早在二十多年前,IBM 公司的阿维·阿维拉姆和西北大学的马克·

A·拉特纳就在一篇开创性的论文中提出在电子设备中使用分子。他们认为，通过调整有机分子的原子结构，就有可能制造出晶体管状的设备。但是他们的想法一直停留在理论上，直到最近化学、物理和工程学的先进成果集合在一起才解决了这一难题。

2003 年，实验证明数以千计的分子聚集在一起能够实现金属电极之间的电子转移。每个分子宽约 0.5 纳米，长至少为 1 纳米。

尽管技术的细节不同，但是两种分子的转换机制都被认为涉及一种很好理解的化学反应——氧化还原反应，在此过程中，电子在分子内部的原子间发生转移。氧化还原反应在分子中形成扭结，阻碍电子运动，就如同软管缠结时阻碍水流一样。

哈佛大学的研究小组主要研究无机金属导线，而不是有机分子。最著名的例子是碳纳米电子管，其直径通常仅有约 1.4 纳米。这些纳米级金属导线不仅能够比普通的金属导线传输更多的电流，而且还可以作为微晶体管。同时作为互联器和元件，纳米金属线具有一石二鸟的作用。纳米金属线的另一优势是可以利用相同的基本物理过程作为标准的硅微电子元件，这使其更易理解和操作。

最后，该工作小组研制了一种完全不同的转换器，一种纳米级的机电继电器。

纳米电子管的主要问题在于它们很难统一尺寸。因为极其微小的一点直径变化就能导致导体与半导体的不同，一大批的纳米电子管中可能只有很少一部分能作为有用的设备。

该研究小组还致力于另一不同类型的纳米级金属导线的研究，我们称之为半导体纳米金属导线。它大约和碳纳米电子管差不多大小，但是其组成更容易得到精确地控制。合成这些金属导线，我们从金属催化剂入手，这决定着增强的导线的直径，并作为理想原料的分子聚集的场

所。随着纳米导线的增强，我们加入化学掺杂剂(增加或减少电子的混杂物)，以此控制纳米导线是 n 类(有多余电子)还是 p 类(缺少电子)。

建立分子和纳米级设备库仅仅是第一步。实现这些设备的互联和整合也许才是更大的挑战。首先，纳米级设备必须使用分子级导线连接。到目前为止，有机分子设备已经实现与平版印刷术所带来的传统金属导线的连接。要替代纳米级导线并不容易，因为我们不知道在此进程中如果不破坏这些微小导线，该怎样建立良好的电子连接。使用纳米导线和纳米晶体管作为设备和互联器将解决这一问题。

第二，一旦元件与纳米导线连接，纳米导线本身必须成为二维排列。正如树枝和圆木能顺河漂流，纳米级导线也能使用流体将其排成平行线。在实验室中，我们使用了乙醇和其他方法，使液体通过塑成聚合体块的管道而控制其流动，这些聚合体块可以轻松地放在我们想要装配设备的底面上。

这个过程实现了在液体流方向上的互联：如果液体只按一条管道流动，那么平行纳米导线就形成了。如要增加其他方向的导线，我们就调整液体流向，重复这个过程，逐步建立另外的纳米导线层。

与所有这些努力紧密联系的是体系结构的发展，这种发展最好地利用了纳米级设备和自下而上装配能力的特点。尽管我们可以制造数目极大的便宜的纳米结构，但是设备的可靠性远不如其微电子同类物，并且我们生产与组装的能力仍然十分低下。

纳米家族

材料是人类赖以生存和发展的物质基础，因此使用什么样的材料制造工具往往成为人类文明发达程度的一个重要标志。金属材料、无机非金属材料(包括陶瓷、玻璃、水泥、人工晶体等)和有机高分子材料是材料的三大支柱。根据性能特性分类，材料又可分为结构材料和功能材料，前者以力学性能 (如强度、韧性等)为主，后者以物理、化学特性(如电、磁、光、热等)为主。纳米材料是指材料的显微结构尺寸均小于 100 纳米(包括微粒尺寸、晶粒尺寸、晶界宽度、第二相分布、气孔尺寸、缺陷尺寸等均达到纳米级水平)并且具有某些特殊性能的材料。纳米材料的主要类型有：纳米粉末、纳米涂层、纳米薄膜、纳米丝、纳米棒、纳米管和纳米固体。判断一种材料是否是纳米材料，有两个条件：一是看微粒尺寸和晶粒尺寸是否小于 100 纳米；二是看是否具有不同于常规材料的性能，这两个条件缺一不可。

纳米材料由于其结构的特殊性，如大的比表面以及一系列新的效应(小尺寸效应、界面效应、量子效应和量子隧道效应)，决定了纳米材料出现许多不同于传统材料的独特性能，进一步优化了材料的电学、磁学、热学及光学性能，从而推动了纳米科技的研究和开发。对于纳米材料的研究包括两个方面：一是系统地研究纳米材料的性能、微结构和谱学特征，通过与传统材料对比，找出纳米材料特殊的规律，建立描述和表征纳米材料的新概念和新理论。例如少量原子即"团簇"状态下的物理结构还不清楚,换句话说,在尺寸小到纳米级甚至原子尺度时,很多客观和微观的物理定律不再适用了。比如,在电学方面,欧姆定律就不适用于纳米材料;过去常用的能带逸出功等描述原子集体行为的概念也不再适用。因此,纳米科技迫切需要新的物理学。二是发展新型纳米材料。21 世纪材料科学技术的发展重点将向具有功能化、智能化、复合化、微型化及与环境协调化等特征的方向发展。最活跃的材料领域将是信息功能材料、纳米材料、生物材料、开发新能源(如太阳能等)及节能(如超导、燃料电池等)材料以及高比强度、高比刚度、耐高温、耐磨、耐蚀和其他在极端条件下具有优良性能的结构材料。材料的开发与生产将逐步摆脱以经验为主的局面,将更多地通过计算机辅助,从微观到客观实现分子成分设计和工艺设计。随着材料科学技术的进步,传统材料的性能将会大幅度提高,资源与能源消耗不断降低,环境污染受到有效的控制。

对于纳米金属材料,将着重研究利用纳米微粒的小尺寸效应造成的五位错或低位错密度区域达到高强度和高硬度。对于纳米陶瓷材料,将着重研究通过改善界面脆性或纳米复合来提高断裂韧性。在 20 世纪 60 年代曾经热闹过一阵子的金属陶瓷 (硬质合金),原本希望集金属与陶瓷各自的长处于一身而得到一种新型材料。然而不幸的是,实践结果表明正好相反,以致金属陶瓷因脆性问题未能解决而不能用于发动机叶片。这并非是思路上的失误,更多地应归咎于工艺问题。最近,通过纳米技术的发展,为金属陶瓷的设想又重新带来了一线光明,即利用纳米技术有可能制备出兼具金属和陶瓷各自的长处于一身的新型材料。对于高分子材料,一个重要研究方面即是通过有机/无机纳米复合技术,提高材料的力学强度和耐热性,并根据设计要求赋予它们一定的功能特性。

纳米材料大部分是人工合成的，但是自然界中早就存在纳米微粒和纳米固体,其中有许多秘密等待人们去揭示。例如,每一个细胞是一个活生生的纳米技术的例子，它不仅把燃料转变成能量，而且还能按DNA 中的遗传密码生产并排出蛋白质和酶等。通过重组不同特性的DNA 基因工程技术，已能制造出新的器件——如能分泌激素的细菌细胞。又如,蜜蜂的腹部存在磁性微粒,这种微粒具有指南针的作用,蜜蜂就是用这种"罗盘"来确定其周围环境在自己头脑里的图像从而确定飞行方向。人体和兽类的牙齿是由羟基磷灰石组成的,它具有纳米结构,晶界有接近生物体的薄层,因而具有较好的韧性。然而,人工合成羟基磷灰石需要 1000℃以上的高温,也难以得到定向的纳米结构。为什么人体却能够在十分温和的环境中合成这类牙齿或骨骼呢？这就引发出一个十分有趣的新领域——仿生合成。

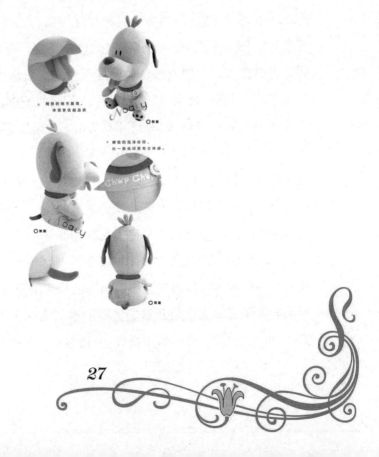

纳米科技

　　翻开人类文明的历史，可以发现人类对材料的取得与使用是与社会生产力和科学技术水平密切相关的。最初人类主要是从自然界的天然产物中获得生活和生产所需要的材料,即是靠自然界的恩赐。古时候用石头制成的工具虽很粗糙，但它的制作和使用在人类发展史上却是一件划时代的大事。制陶术的发明,帮助人类解决了烧煮食物和储藏食物的问题。后来,人类懂得了使用铜、铁等金属材料;在化学和冶炼技术的推动下,一系列金属和合金材料相继问世,大大促进了社会生产力的发展。如今,钢铁已成为现代工业的重要支柱。随着现代合成化学的发展, 人们又用人工的方法合成形形色色的无机非金属材料和有机高分子材料。材料制造技术也日益高超。人们已经能够制造杂质含量小于亿万分之一的超纯材料、颗粒尺寸只有 0.1 微米以下的纳米粉末、以一个原子层一个原子层地进行生长的薄膜材料、直径比头发丝还要细得多的纤维状材料,还能把几种材料组合起来相互取长补短,构成性能特殊的复合材料。人们甚至远离地球到太空做实验,在那儿制得了地球上难以得到的高纯度金属和十分完美无缺的晶体。

　　材料科学是现代科学技术的基础,是属于全局性的重要科学技术领域。许多材料的局限性会影响国民经济和国防现代化的过程,由于材料引起的罕见的大事故和试验失败的事例实在不少, 它造成了飞机坠海,铁桥突然折断,轮船断裂报废,人造卫星坠落等等。而一项成功的新材料的问世往往给新技术带来重大突破。例如40多年前超纯半导体单晶硅材料的出现,促进了电子工业的突飞猛进;早在1911年就已发现的超导现象,在理论上阐明了将发电机的重量减轻百分之九十左右的可能,可是由于一直缺乏可供实用的材料而无法实施,直到20世纪60年代由于铌锡合金超导材料的出现,才使超导技术付诸使用;长寿命半导体激光器和低损耗石英光导纤维材料的出现,才使激光通讯终于成为现实……因此,材料在人类社会的进程中,在发展科学技术和提高生产力方面立下了赫赫功勋。"巧妇难为无米之炊",材料的制备技术是把科学幻想变成现实的必需手段。而纳米材料的制备在当前纳米科技的研究中占有极其重要的地位,是纳米科技的核心;新的制备工艺对于控制纳米材料的微观结构和性能,降低成本,均具有重要意义。

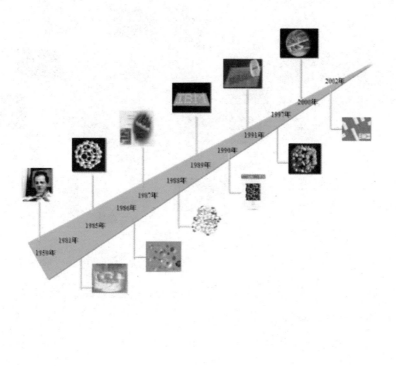

纳米器件

　　纳米科技的最终目标是以原子、分子为起点,从纳米材料出发或者利用纳米加工技术,制造出具有特殊功能的产品,即器件。纳米科技最初发展的一个主要推动力来自于信息产业。由于采用了纳米技术,集成电路的几何结构进一步减小,超越发展中遇到的极限,因而使得功能密度和数据通过量率达到水平,并且研制成本急剧上升。在纳米尺度下,现有的电子器电子视为粒子的前提不复存在,因此会出现种种新现象和效应,如量子效应。利用量子效应而工作的器件称为量子器件,振隧道二极管、量子阱激光器和量子干涉部件等。与电子器比,量子器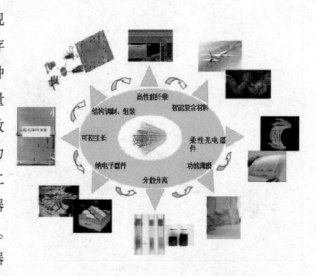件具有高速(速度可提高 1000 倍)、低耗、高效、高集成度、经济可靠等优点。对我国而言,用生物学方法组装纳米器件可能更能发挥我们的技术优势研制分子计算机和生物计算机。

　　为制造具有特定功能的纳米产品,其技术路线可分为"自上而下"

和"自下而上"两种方式。"自上而下"是指通过微加工或固态技术,不断在尺寸上将人类创造的功能产品微型化。而"自下而上"是指以原子、分子为基本单元,根据人们的意愿进行设计和组装,从而构筑成具有特定功能的产品。显然,"自下而上"的技术路线有利于减少对原材料的需求,并降低环境污染。

科学家还希望通过对纳米生物学的研究,进一步在纳米尺度上应用生物学原理制造生物分子器件。目前,科学家在纳米生物传感器、生物分子计算机、纳米分子马达等方面都做了重要的尝试。

未来所有的纳米电子器件都将具有更小、更快、更冷的特点。"更小"是指器件和电路的尺寸更小,对集成电路来说就是集成度更高。"更快"是指响应速度更快。"更冷"是指单个器件的功率更小,否则很多器件堆积在一起时,既耗能源,又造成升温。但是,"更小"并没有限度。以硅集成电路而言,目前国际上做出的最小线宽是 130 纳米(据报道,最近已在实验室做到 100 纳米的精度)。如果线宽小于 100 纳米,则量子效应就要出来,常用的电路设计方法就不再适用,常用技术也可能很快达到它们的极限,因此需要迅速更新。可能的早期突破是在超高密度存储器(如量子磁盘)、超灵敏传感器、医疗诊断用元件、数码信息的高速输入和输出、平板显示器用的微小电子源阵列等方面。中期目标则是 10^{12} 位存储器及 10^{12} 次/每秒运算器、共振隧道器件、实时语音识别系统、自主决策系统、虚拟实感训练系统等。

下面是长度的换算关系,从中我们可以更好地了解纳米有多大。

1 米=1000 毫米

1 毫米=1000 微米

1 微米=1000 纳米

通常我们把平常接触到的世界叫做宏观世界,而把肉眼看不见的

原子和分子等微小粒子组成的世界叫做微观世界。

1990年，世界上写得最小的字母在实验室诞生了，这三个字母就是"IBM"，这三个英文字母总共用了35个原子。从事后拍摄的照片中，我们可以清楚地看到当时人类所创造的最"微乎其微"的伟大奇迹。"IBM"，这个当时计算机行业的巨型企业的名字，被一丝不苟地刻画到不超过一个病毒的面积内。这在当时看来近乎游戏的领域，如今已经成为科学家们关注的热点。

看来纳米并不是什么"米"，而是一个度量微小世界的长度单位。但是，是否有一天，"纳米"会像大米一样普通、大米一样普及、大米一样必需呢？

纳米器件

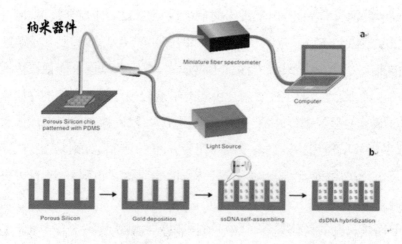

纳米应用

离我们的生活不远了。事实也正是如此，纳米科技正在走进我们的生活，同时也将会改变我们的生活。

美国科学家尼尔·莱思说："纳米技术是最可能在未来取得突破的科学和工程领域。"这项技术并不只是向小型化迈进了一步，而是迈入了一个崭新的微观世界，在这个世界中物质的运动受量子原理的主宰。

传统的解释材料性质的理论，只适用于大于临界长度100纳米的物质。如果一个结构的某个维度小于临界长度，那么物质的性质就常常无法用传统理论解释。在20世纪末，世界各国的科学家正试图在中等级别领域，即单个分子或原子级别到数十万个分子级别之内，发现新奇的现象。这一基础理论的研究，促进了我们今天对纳米科学研究的进程。

我们知道，构成物质的基本单元是原子，因此，当今的纳米科学与技术的研究实际上就是人们在原子层次上认识世界。

早在1993年，中国科学院北京真空物理实验室的科研人员在显微镜下，将一个个原子像下棋那样自如地摆放，写出了"中国"二字。这仅仅是一次实验，但人类可以从中发现和看到纳米世界存在的奇迹；人类将在新的纳米技术领域获得更多、更大的好处。

纳米材料和纳米结构科学家对纳米级产品应用的前景进行了描述，预计在不久的将来会出现特种新奇的新材料。这些材料将具有多种功能，能够感知环境变化以及做出相应的反应。纳米技术的专家们预计

还会出现强度是钢铁 10 倍的材料,其重量只有纸张的 1⁄10,并具有超导电性,而且透明,熔点更高。

细微之处显神奇的纳米技术将怎样改变我们的生活呢?事例有很多,例如,碳纳米管,其尺寸不到人的头发直径的万分之一,它可用作极细的导线或用于超小型电子器件,将纳米技术用于存储器,可以大大提高电子器件的储存功能,可以将一个有几百万册书的图书馆的信息放入一个只有糖块大小的装置中。

再如,有人把纳米称为"工业味精",因为把它"撒"入许多传统材料中,老产品就会换上令人叫绝的新面貌。砧板、抹布、瓷砖、地铁磁卡,这些挺爱干净的小东西上一旦加入纳米微粒,就可以除味杀菌。用"拌"入纳米微粒的水泥、混凝土建成楼房,可以吸收降解空气中的有害物质,钢筋水泥也能和森林一样"深呼吸"。现有的硅质芯片将被体积缩小数百倍的纳米管元件所替代,现在占据几个房间的巨型计算机可以小到可以随手放进口袋。

最诱人的莫过于未来的"纳米机器人",它可以进入人体并摧毁各个癌细胞又不损害健康细胞;可以在人体内来回送药,清扫动脉,修复心脏、大脑和其他器官而不用外科手术。

1999 年,美国政府在纳米科技的报告中呼吁加快纳米科学和工程的基础研究。美国总统认为,纳米技术对保持美国科学技术和经济的领先地位非常重要,并建议把联邦纳米技术研究预算增加一倍,即 2001 年达

到 4.95 亿美元。美国国家纳米技术计划的研究工作将由一个委员会协调,该委员会的成员是来自政府各个研究和开发项目的高级代表。国防部、能源部、商务部,航天局、全国科学基金会和国家卫生研究所将在国家科学和技术委员会的指导下发挥重要作用。美国国家纳米技术计划在初期研究的重点,是在分子层次上具有新奇特性并且物理和化学性能有显著提高的材料。

各国纳米技术研究人员感兴趣的一些纳米技术尖端领域,归纳起来有以下 5 个方面:

——在纳米层次上,电子和原子的交互作用会受到变化因素的影响。这样,有可能使科学家在不改变材料化学成分的前提下,控制物质的基本特性,比如磁性、蓄电能力和催化能力等。

——在纳米层次上,生物系统具有一成套系统的组织,这使科学家能够把人造组件和装配系统放入细胞中,有可能使人类模拟自然创造出分子机器。

——纳米组件具有很大的表面积,这能够使它们成为理想的催化剂和吸收剂等,并且在释放电能和向人体细胞施药方面派上用场。

——利用纳米技术制造的材料与一般材料相比,在成分不变的情况下体积会大大缩小而且强度和韧性得到提高。由于纳米颗粒非常小,因此不会产生表面缺陷,另外由于纳米颗粒具有很高的表面能量,所以强度会提高。这对制造强度大的复合材料将非常有用。

——与宏观结构相比,纳米结构在各个维度上的数量级都较小,所以互动作用将更快地发生,这将给人们带来能效更高、性能更好的系统。

纳米时代在各国纳米专家的努力下,正在向我们走来。有科学家预计,这场纳米技术的革命,可以与用微电子设备取代晶体管而引发的那场革命相提并论。未来出现的微型纳米晶体管和纳米存储器芯片,将使

计算机的速度和效率提高数百万倍，使磁盘存储的容量达到今天的成百上千倍，并且使能耗降低到现在的几十万分之一。通信带宽会增大几百倍，可以折叠的显示器将比目前的显示器明亮 10 倍。另外，一个纳米层次上有可能办到的事，是生物的和非生物的部件将结合成交互作用的传感器和处理器，服务于人类。

　　科学家对将来的预见能够达到多远？美国半导体工业协会制定了一个处理器、传感器、存储器和传输设备的开发路线图，但是这个路线图只延伸到了 2010 年，并且只达到了大小为 100 纳米的结构，这比全部是纳米结构的装置要大。这个协会说，科学发现变成商业上可行的技术需要时间，预计纳米技术要到 2010~2015 年才能成熟。

　　由此可见，纳米级产品将在不久大量出现已是不容置疑的事实。随着对纳米技术和产品研究的深入，十几年后纳米技术专利将商业化，看来纳米真的要成为我们日常生活的一员了，我们渴望着那一天早日到来。

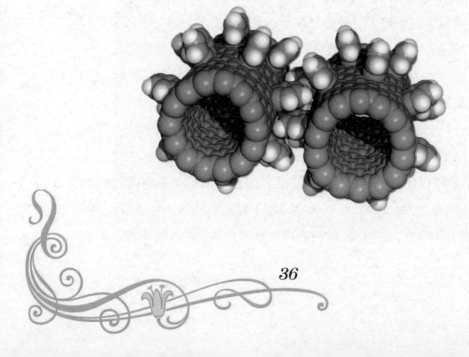

量子力学与纳米

　　曾经有一位一流的科学家在 1893 年宣告,他相信做出伟大发现的时代已经过去,因为几乎一切都已被发现了,将来的科学家除了更加精确地重复 19 世纪做过的实验,使原子量在小数位上有所添加以外,不可能有更多的作为。

　　事实证明这位科学家错了。因为,即使拥有 19 世纪所取得的全部知识,也无法说明 X 射线和铀的放射性这两种现象。这是新生事物,好像完全不合乎自然规律,背离了人类关于原子的认识,X 射线和放射性像两个雪球,一旦滚动起来,必将如同雪崩一样引出一系列科学发现。

　　古人对物质元素的认识,是人类探究微观世界的开始。远古时代的人类在长期的生活实践中,发明了制陶,掌握了炼铜、炼铁等技艺,他们看到了物质可以重新组合并发生质的变化,于是就开始思考有关物质的构成与变化的原因。人们看见,冬天水结成冰,夏天冰又化成水,而且在地热泉中,水又蒸发为气体。人们还看见万物在大地上生长,又消失在大地之中。对于天地万物和人类的本源,人们一直怀有强烈的好奇心,试图从本质上理解和认识事物本身。最原始的元素学说就这样萌生了,开始了人类最初的对微观世界的认识。

　　经过人类不断地探索,今天我们知道物质世界是由一些很小的粒子——原子组成的,各种原子按照本身的规律相互连接,形成了分子,各种各样的分子聚集在一起就是我们丰富多彩的世界。可是,原子是怎

样相互连接的呢?这就不能不说到原子内部的结构。原子是由一个位于中心的原子核和核外的电子组成的，原子核带正电，而电子带的是负电,这样整个原子对外就不显电性。电子在原子中并不是静止的，而是绕着原子核做高速的运动，电子的高速运动在原子的周围形成像云一样的外衣,也叫电子云。不同的原子内电子的数目不同,电子运动的模式也不同。就像一个班的同学，大家都穿上形状各异的外壳，由于外壳的形状不同，使得有些人靠在一起会比较舒服，而有些人很难靠到一起。当然实际情况还要复杂得多,上面只是一个简单化的比喻。我们要是真想理解原子等一些基本粒子的行为,就必须引入量子力学。

1900 年,德国物理学家普朗克发表了一篇论文,导致了量子理论的出现。普朗克提出"量子论",吹响了 20 世纪物理学革命的进军号。在同一年,孟德尔遗传学说被确认,成为生物科学上划时代的一年。也是在这一年,德兰斯特纳发现了血型,拯救了许许多多人的生命。到 2000 年,人类在量子论、相对论、基因论、信息论等方面都取得了以前难以想像的飞跃发展。人类一直在研究我们生活的地球和宇宙。现在,人类的观察范围不仅已达 150 多亿光年之遥，而且可以深入到原子核中去观察"夸克"等基本粒子的特征。

量子力学是 20 世纪人类在物理学领域的最重要的发明之一。量子力学和狭义相对论被认为是近代物理学的两大基础理论。量子力学主要研究微观粒子运动规律。20 世纪初大量实验事实和量子论的发展，表明微观粒子不仅具有粒子性，同时还具有

波动性,它们的运动不能用通常的宏观物体运动规律来描述。量子力学的建立大大促进了原子物理学、固体物理学和原子核物理学等学科的发展,并标志着人们对客观规律的认识从宏观观世界深入到了微观世界。

量子力学的奠基人玻尔曾经说过:"谁如果在量子面前不感到震惊,他就不懂得现代物理学;同样如果谁不为此理论感到困惑,他也不是一个好的物理学家。"的确,量子力学确实很难理解,原因之一就是在微观世界里的很多事情,同我们所能看到的宏观世界存在很大的差别,有些可能是我们难以想像的。一个很典型的例子就是隧道效应。

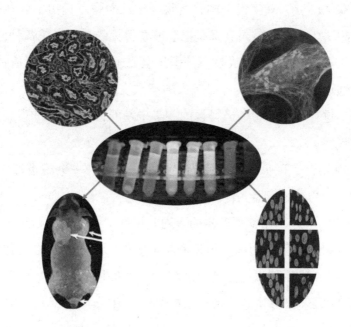

纳米世界

　　20世纪人类的科学技术发生了翻天覆地的变化，人类对微观世界有了更深认识，随着对微观世界了解的增多，人们认识到实际上微观世界里同样奥妙无穷，别有洞天。

　　早在20世纪50年代美国著名物理学家费曼就提出了要在小处做文章的想法。他说以前人类都是把能够看得见的东西做成各种形状，得到各种工具，为什么不能从单个分子甚至原子出发而组装制造物品呢。费曼憧憬说："如果有一天可以按人的意志安排一个个原子，将会产生怎样的奇迹？"今天随着纳米科技的一步步发展，费曼提出的设想正在逐渐变成现实。

　　1990年，美国贝尔实验室推出惊世之作——一个跳蚤般大小，但"五脏俱全"的纳米机器人诞生了。

　　1990年7月，在美国巴尔的摩同时举办了第一届国际纳米科学技术会议和第五届国际扫描隧道显微学术会议，标志着纳米科技的正式诞生。科学家们正式提出了纳米材料学、纳米生物学、纳米电子学和纳米机械学的概念，并决定出版《纳米技术》、《纳米结构材料》和《纳米生物学》三种国际性专业期刊。从此，一门崭新的具有潜在应用前景的科学技术——纳米科技得到了全世界科技界的密切关注。

　　诺贝尔物理学奖获得者、美国哥伦比亚大学的斯托默说："纳米技术给了我们工具来摆弄自然界的极端——原子和分子。万物都由它们

而构成……创造新事物的可能性看来是无穷无尽的。"诺贝尔化学奖获得者、美国康奈尔大学的霍夫曼说："纳米技术是一种天才的方法，能够对各种大小、性质错综复杂的结构进行控制。这是未来的方法，精确而且对环境保护十分有利。"一时间，"纳米热"遍及全球，纳米科技成为世界各国竞相投巨资、加紧攻关的一项热门技术。

从纳米科技诞生之日起，纳米科技就不断取得了各种新的研究成果。其显著特点是，基础研究和应用研究的衔接十分紧密，实验室成果的转化速度之快出乎人们的预料。1989年，美国斯坦福大学搬动原子团写下了"斯坦福大学"的英文名字。1991年，在日本首次发明和制作纳米碳管，它的质量是相同体积钢的1/6，而强度却是钢的10倍，于是，纳米碳管立刻成为纳米的技术热点。1992年，日本着手研制能进入人体血管进行手术的微型机器人，从而引发了一场医学革命。1993年，中国科学院北京真空物理实验室自如地操纵原子写出"中国"二字，标志着我国开始在国际纳米科技领域占有了一席之地。1994年，美国着手研制"麻雀"卫星、"蚊子"导弹、"苍蝇"飞机、"蚂蚁"士兵等。1995年，科学家研究并证实了纳米碳管可以用来制作挂壁电视。1996年，我国实现纳米碳管大面积定向生长。1997年，法国全国科学研究中心和美国IBM公司共同研制成功第一个分子级放大器，其活性部分是一个直径只有0.7纳米的碳分子，因而把电子元件缩小1万倍，标志着纳米技术开始进入实用阶段。1998年，被誉为"稻草变黄金"的纳米金刚石粉在我国研制成功。同年，美国明尼苏达大学和普林斯顿大学成功地制备出量子磁盘。这种磁盘是由磁性纳米棒组成的纳米阵列体系，美国商家已组织有关人员将这项技术迅速转化为产品，预计2005年市场销售额可达400亿美元。

1999年，韩国制成纳米碳管阴极彩色显示器样管。1999年7月，美国加利福尼亚大学与惠普公司合作研制成功100纳米芯片；美国正在

研制量子计算机和生物计算机；美国柯达公司成功地研制了一种既具有颜料、又具有染料功能的新型纳米粉体,预计将给彩色印刷业带来革命性的变革……

　　看来在纳米这样如此微小的境地还真是别有洞天,大有可为。科学家们相信有一天纳米会走入我们的日常生活，为我们创造出各种现在想也不敢想的奇迹。

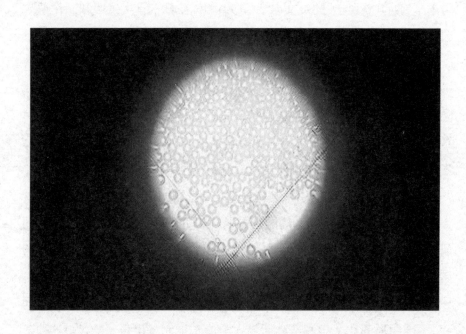

显微镜与纳米

　　我们人类被称为万物之灵,能够上天入地,移山填海,能够深入微小世界探秘,这些靠的是什么呢?说起来我们在很多方面不如地球上其他的生物,奔跑我们比不上猎豹,力量我们更是没法和大象相比,可是我们人类拥有发达的大脑,我们懂得去制造工具。正是这些工具弥补了我们的不足,使得我们征服自然的能力大大提高。

　　人类要认识微小的世界,单单凭借我们的肉眼也是不行的。我们人类能看到的最小的东西大约为 0.1 毫米,那么我们是如何观察小于 0.1 毫米的东西的呢?

　　最早用于探究物质结构的仪器是光学显微镜。光学显微镜最初是由放大镜演变而来的。放大镜实际上就是凸透镜,人们早就知道把凸透镜靠近物体,就可以通过镜片看到放大的物像,这大概是 14 世纪的事情。16 世纪荷兰人杨森偶然通过两块不同的镜片看物体,发现放大效果好得多,于是就发明了显微镜。

　　这件事发生在 16 世纪的荷兰不是偶然的,因为当时荷兰的眼镜制造业相当发达,杨森正是一位磨镜片的工人。他的显微镜由透镜组合而成,把两片凸透镜和两片凹透镜各组成对,凸透镜作为物镜(靠近物体一方的透镜),凹透镜作为目镜 (靠近眼睛一方的透镜)。这是一台很大的显微镜,镜筒的直径有五厘米多,长度有四十几厘米。不过这台显微镜的效果并不是很好,影像歪斜不清,也不能聚光以便清楚地观看物体。

早期显微镜镜片所用的玻璃质量不佳,玻璃里含有气泡,玻璃表面也不光滑,用这种显微镜放大的物体看上去有点模糊。如果使用倍数更大的显微镜来进一步放大物体,物体就变得更加模糊,结果什么也看不清楚。正是因为这个原因,人们往往认为观察微小物体放大镜就够了,显微镜并不比放大镜优越。

　　英国物理学家胡克在 1665 年前后,对显微镜产生了兴趣,亲自制作了一台显微镜,他用这台显微镜,发现了软木的软组织(他给软组织取名为"细胞",其实他看到的并不是真正的细胞,而是软组织的纤维结构),并且清楚地观察到了蜜蜂的小刺,鸟羽的细微构造等微小物体。他的显微镜使用了两片凸透镜,原理和现在的显微镜相同。另外,胡克还想出了在物镜下面另外安装凸透镜,用以聚光照亮被观察物体的方法,为了提高放大倍率,胡克进一步使用了近于球形的凸透镜。他的显微镜能清楚地观察以前看不到的微小的物体,例如跳蚤的头部和脚部,所以当时显微镜有一个外号,叫跳蚤镜。1665 年胡克写了一本书,名叫《显微图谱》,里面有他根据大量观察所做的素描,显微镜也因此受到科学界的重视。

　　把显微镜推上科学舞台的科学家中,还有一位叫列文虎克,他也是荷兰人。他把玻璃棒的端部熔化后拉成线状,然后进一步加热做成球形,再把它磨成透镜。他要求玻璃里面一点也不含气泡。玻璃表面必须磨制得非常光滑均匀。他在 1671 年磨成的第一块透镜尽管直径只有 1/8 英寸(约 3 毫米)但当他通过透镜观察物体时,却发现物体几乎放大了 200 倍,而且十分清晰。他把透镜放在支架上,做成了一具放大镜,后来又加上一块透镜,放大的倍数更大了,这就构成了显微镜。显微镜在当时已经不是什么新鲜事物,但别人都是把镜片拼凑在一起当作玩物,而列文虎克却有自己的崇高目的,他想用这台新仪器观察看不见的世界。

列文虎克用他的显微镜观察各种小东西，从牙垢到沟中的污水，都成了他的观察对象。他记下了肌肉、皮肤、毛发和牙质的精细结构。从1673年开始，他用荷兰文给英国皇家学会不断写信，报告他的观察实验记录，有时一封信就像是一本小书，他的第一封信就用了一个很长的题目："列文虎克用自制的显微镜观察皮肤，肉类以及蜜蜂和其他虫类的若干记录。"当时英国皇家学会对这位无名之辈的报告不很重视，直到1677年按照列文虎克的说法制成了同样大小的透镜和显微镜，证实列文虎克的观察结果之后，才引起了人们的注意。

列文虎克的一系列发现，在生物学史上开辟了一个新的研究领域，这个领域就是微生物学。有了光学显微镜，我们就可以观察到肉眼看不见的细胞，也正是光学显微镜的诞生导致了细胞的发现，从而使人们对自然界的认识发生了一个极大的飞跃。

可是人类要想看比细胞还小的结构，使用光学显微镜就不行了。

为了增加显微镜的放大倍数，在相当长一段时间内，不少人都在玻璃的材料和磨削工艺的改进上动脑筋。但后来发现，如果被观察的物体小于光波波长的1/2时，光线射到它们身上时就会绕过去成不了像。我们知道，光学显微镜是用可见光作为光源的，其波长约为400~770纳米，因此当被观察的物体小于200纳米时，光学显微镜就无能为力了——放大倍数限制在2000倍左右。

所以，要观察更小的物体，就得另外找到一种比可见光的波长更短的光线才行。早在20世纪20年代，法国科学家德布罗义就发现电子束也具有波动性质。所谓电子束，就是许多电子集合在一起，并且以很高的速度向着一个方向运动。进一步的研究表明，电子束的波长远比可见光的波长短，还不到1纳米。于是，科学家们很自然地想到，如果显微镜用电子束代替可见光做光源，它的分辨能力肯定可以大大提高。

根据这一思路，科学家们终于在 1932 年研制成功了一种新的显微镜——电子显微镜。在电子显微镜内部，特制一个空心的强力线圈——磁透镜，它相当于光学显微镜中的玻璃透镜，但是，镜筒必须抽成高度真空。同时，由于人眼无法直接看见电子束，因而必须通过荧光屏或照相机的转换。经过不断改进，目前电子显微镜的最高分辨能力已达 0.2~0.3 纳米，与原子大小差不多了。放大倍数约为 30 万~40 万倍，一根头发丝可以放大到一座礼堂那么大；如果增加磁透镜个数，放大倍数更可高达 80 万~100 万倍。电子显微镜的发明帮助人类进一步打开了微观世界的大门，人们可以看到更小的东西了，包括细胞内各种组成成分，以及只有几十纳米大小的病毒。

电子显微镜虽然威力巨大，可是它的体积往往也很大，价格也非常昂贵，操作很烦琐。有没有可能制造出更加简单有效的显微镜呢？扫描隧道显微镜的发明解决了前面的问题。

扫描隧道显微镜是 IBM 瑞士苏黎世研究所的宾尼和罗雷尔于 1982 年发明的。

宾尼 1947 年 7 月出生于德国的法兰克福。其时正值第二次世界大战结束不久，他和小伙伴们常常在废墟中做游戏，当时他并不懂得为什么建筑物会变成那个样子。10 岁时，尽管他对物理还不太了解，但已决心要当一名物理学家，等到在学校里真正学到物理时，他大概有点怀疑这一选择了。少年时代的宾尼是一个音乐爱好者，他母亲很早就教他古典音乐，15 岁时开始拉小提琴，而且还参加过学校的管弦乐队。

10 多年后，当宾尼开始做毕业论文时，才真正感受到物理学的魅力，认识到做物理工作比学习物理更有乐趣。他深切地体会到，"做"是"学"的正确途径，在"做"中"学"才能获得真知和乐趣。

1978 年，宾尼在法兰克福大学获博士学位。他在做博士论文时参加

马丁森教授的研究组,指导教师是赫尼希博士。宾尼对马丁森教授非常佩服,这位教授很善于抓住和表述科学问题的实质。赫尼希博士指导他做实验,非常耐心。

在他的妻子瓦格勒的劝说下,宾尼在完成博士论文后,接受了IBM公司苏黎世研究实验室的聘任,参加那里的一个物理小组。这是非常重要的决定,因为在那里宾尼遇到了罗雷尔。

罗雷尔1933年6月6日出生于瑞士的布克斯,1949年全家迁往苏黎世,他对物理学的倾倒完全属于偶然,因为他原来喜欢古典语文和自然,只是在向瑞士联邦工业大学注册时才决定主修物理,他在学校的4年中受到一些著名教授的指导。1955年,他开始做博士论文,罗雷尔在实验中要用到非常灵敏的机械传感器,往往要在夜深人静时工作。他不辞辛苦,非常勤奋,4年的研究生生活使罗雷尔得到了很好的锻炼。

1961年起,罗雷尔到美国的拉特格斯大学做了两年博士,1963年他回到瑞士,在IBM研究实验室工作。从20世纪70年代末开始他从事反磁体研究,并在研究组组长米勒的鼓励下研究临界现象。此后,他开始与宾尼合作,从70年代末起,一直致力于研制扫描隧道显微镜,这种显微镜就是利用量子力学里面的隧道效应制作的。

1981年,宾尼和罗雷尔等人用铂做了一个电极,用腐蚀得很尖的钨针尖作为另一电极,在两电极间小于2纳米的距离以内,改变钨针尖与铂片之间的距离,测量隧道电流随之产生的变化。结果表明,隧道电流和隧道电阻对隧道间隙的变化非常敏感,隧道间隙即使只变化0.1纳米,也能引起隧道电流的显著变化。

一个非常光滑的样品平面,从微观来看,是由原子按一定规律排列起来的。如果用一根很尖的探针(如钨针),在距离该表面十分之几纳米的高度上平行于表面进行扫描,那么,由于每个原子都有一定大小,在

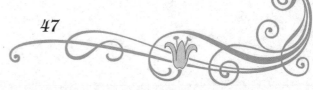

扫描过程中隧道间隙就会随探针位置的不同而不同，流过探针的隧道电流也就随之而不同，即使是百分之几纳米的高度变化，也能在隧道电流上反映出来。利用一台与扫描探针同步的记录仪，将隧道电流的变化记录下来，即可得到分辨率为百分之几纳米的扫描隧道显微镜图像。

扫描隧道显微镜的发明解开了物理学中的很多问题，使两位科学家获得了 1986 年的诺贝尔物理学奖，从扫描隧道显微镜的发明到两位科学家因此获得诺贝尔奖，仅仅用了 4 年的时间，这在诺贝尔奖的历史上是非常罕见的。

扫描隧道显微镜从诞生、发展到现在，还不到 20 年，它正以旺盛的生命力茁壮成长。继扫描隧道显微镜之后，又有一批根据同一工作原理派生出来的，其他类型的显微镜相继问世，如原子力显微镜(用于非导电材料)、光子扫描隧道显微镜(运用光子隧道效应)、弹道电子发射电子显微镜(能够在纳米尺度上无损探测表面)、摩擦力显微镜(用于纳米尺度上摩擦力的研究)、磁力显微镜(探测样品磁特性的有力工具)、分于力显微镜、扫描离子电导显微镜、扫描热显微镜等等，总数达十几种之多。人们还进而实现了原子的操纵和加工，用电子的撞击使原子按人的意志做有序的移动或移植，1990 年 IBM 公司的研究人员利用扫描隧道显微镜，把铁原子重新排列成了汉字"原子"的字样。这些进展充分显示了扫描隧道显微镜蓬勃发展的势头和巨大的影响力。

从光学显微镜到电子显微镜，又从电子显微镜到扫描隧道显微镜，一步一步走下去，人们正通向微观世界的幽深处；科学的视野越来越宽广，人类驾驭自然的能力也越来越强，人类在微小世界中将会有更多的发现。

纳米与战争

目前,纳米技术广泛应用于光学、医药、半导体、信息通讯。科学家为我们勾勒了一幅若干年后的蓝图:纳米电子学将使量子元件代替微电子器件,巨型计算机能装入我们的口袋里;通过纳米化,易碎的陶瓷可以变成韧性的,成为一种重要的材料,用它做成的装甲车重量轻,并可以抵御射来的炮弹;世界上还将出现 1 微米以下的机器, 甚至机器人;纳米技术还能给药物的传输提供新的方式和途径。

科学家相信纳米技术未来的应用将远远超过计算机技术,并成为未来信息时代的核心。纳米技术异军突起,受到全世界的关注,世界各主要国家均把纳米科技当作在未来最有可能取得突破的科学和工程领域。下面就让我们看看,世界各国如何开始进行这场没有硝烟的纳米技术争夺战的。

1991 年,美国正式把纳米技术列入"国家关键技术"和"2005 年的战略技术",并指出:对先进的纳米技术的研究,可能导致纳米机械装置和传感器的产生……纳米技术的发展可能使许多领域产生突破性进展。

1996 年,以美国国家科学基金会为首的十几个政府部门联合出资,委托世界技术评估中心对"纳米结构的科学和技术"的研究开发现状和发展趋势进行调研。为此,该中心成立了一个 8 人小组,自 1996~1998 年调查研究了 3 年,除了在美国国内调查之外,该专家组还走访了西欧、日本和我国台湾的 42 所大学、工业公司和国家实验室。专家们得到

了两个重要发现：一是以纳米技术制成的材料，可以得到全新的性能；二是纳米技术涉及的学科范围极广，许多新的发现都是在各学科的交叉点上。该小组的调查结果还发现了两个引起美国重视的问题：一是在纳米技术研究经费方面政府的投入，1997年各国财政投入就接近5亿美元，其中西欧为1.28亿美元，日本为1.2亿美元，美国为1.16亿美元，而其他各国和地区总计才0.7亿美元，即美国在这方面的投资落后于西欧和日本；二是美、日、欧在纳米技术方面的实力竞争中，美国仅在合成、化学制品和生物学方面领先，而在纳米器件、纳米仪器设备、超精密工程、陶瓷和其他结构材料方面相对滞后，日本在纳米器件和强化纳米结构方面有优势，欧洲在分散物、涂层和新仪器方面较强，同时日本、德国、英国、瑞典、瑞士等正在纳米技术的一些特定领域建立了优秀的纳米技术中心。

1998年4月，美国总统科技顾问莱恩说："如果我被问及明天最能产生突破的一个科技领域，我将指出这是纳米科学和技术。"

1999年1月，美国国家科学基金会发表了一个声明，指出："当我们进入21世纪的时候，纳米技术将对世界人民的健康、财富和安全产生重大影响，至少如同20世纪的抗生素、集成电路和人工合成聚合物那样。"

"纳米技术将与信息技术和生物技术一样，对21世纪经济、国防和社会产生重大影响，并可能引导下一场工业革命。"

"70年代重视微米技术的国家如今都成为发达国家，现在重视纳米技术的国家很可能成为下一世纪的先进国家。"

"纳米技术未来的应用将远远超过计算机工业。"

"纳米技术将对人类产生深远的影响，甚至改变人们的传统思维方式和生活方式。"

美国《商业周刊》将纳米技术列为 21 世纪可能取得重要突破的领域之一。

鉴于纳米技术的重要性，为了确保 21 世纪前半个世纪美国在经济方面的领导地位和国家的安全，美国政府认为是行动的时候了。美国国家科技委员会在上述调研的基础上，拟定了"国家纳米技术计划(NNI)"。

美国纳米技术计划(NNI)的"能源"项目中列出了 8 项优先研究项目，其中 6 项是关于纳米材料的。

2000 年 1 月，美国总统克林顿在加州理工学院正式宣布了美国的国家纳米技术计划(NNI)，并在 2001 年财政年度计划中增加科技支出 26 亿美元，其中近 5 亿美元用于发展纳米技术。克林顿说："我的预算支持一个比较重要的、新的国家纳米技术计划，即在原子和分子水平上操纵物质的能力，价值为 5 亿美元。试设想一下这些纳米材料将 10 倍于钢的强度而重量只有其几分之一；国会图书馆内所有信息可以压缩在一块拇指大的硅片上；当癌病变只有几个细胞那样大小时就可以探测到。我们的某些目标可能需要 20 年或更长的时间才能达到，但这恰恰是为什么联邦政府要在此起重要作用的原因。"

对于纳米技术的前途和地位问题，美国政府的结论是：众所周知，集成电路的发明创造了"硅时代"和"信息时代"，而纳米技术在总体上对社会的冲击将远远比集成电路大得多，它不仅应用在电子学方面，还可以用到其他很多方面。有效的产品性能改进和制造业方面的发展，将在 21 世纪引起许多领域的产业单命，因此，应把纳米技术放在科学技术的最优先地位。据说，克林顿宣布的美国国家纳米技术计划中原来还有一个副标题："领导下一次工业革命。"这就是美国真正的动机，目标和野心——试图像微电子那样也在纳米技术这一领域独占老大地位。为此，美国还成立了一个纳米科学技术工程协作小组，该小组由物理学家、化学家、生物学家和工程师组成并准备成立 10 个纳米中心,目标是尽快将纳米技术这一可行性变成现实。

日本早在 20 世纪 80 年代初就斥巨资资助纳米技术研究。从 1991 年起又实施一项为期 10 年、耗资 2.25 亿美元的纳米技术研究开发计划。日本制定的关于先进技术开发研究规划中有 12 个项目与纳米技术有关。在 21 世纪刚刚到来的时候,鉴于美国政府把纳米技术列为国家技术发展战略目标,日本政府不会忘记 20 世纪美国在信息高速公路发展中表现出的战略眼光,这一历史教训迫使日本政府把纳米技术作为今后日本科研的新重点,投入研究开发经费约 3.1 亿美元,并设立了专门的纳米材料研究中心,力争在这一高新技术领域中不落后于美国。日本决定从 2001 年起,开始实行政府、工厂、学校联合攻关的方法加速开发这一高新技术。在未来 5 年科技基本计划中,把以纳米技术为代表的新材料技术与生命科学、信息通讯、环境保护并列为 4 大重点发展领域。研究重点是纳米级材料的制造技术和功能,通讯用高速度、高密度的电子元件和光存储器等。日本的目的是组建"世界材料中心",以提高其材料技术的国际竞争力,主要开展无机材料特别是陶瓷材料技术的研究和开发——"因为纳米陶瓷是解决陶瓷脆性的战略途径"。

在欧洲,德国于 1993 年就提出了今后 10 年重点发展的 9 个关键技术领域,其中 4 个领域就涉及纳米技术。最近,德国以汉堡大学和美因茨大学为纳米技术研究中心,政府每年出资 6500 万美元支持微型技术的研究和开发。德国还拟建立或改组 6 个政府与企业联合的研发中心,并启动国家级的纳米技术研究计划。已取得的重大成果有纳米秤、原子激光束等。

英国在 20 世纪 90 年代初期就已先后实施了三项有关纳米技术的研究计划,现在有上千家公司、30 多所大学、7 个研究中心积极进行纳

米技术的应用开发,主要进行纳米技术在机械、光学、电子学等领域的应用研究。

法国最近决定投资 8 亿法郎建立一个占地 8 公顷、建筑面积为 6 万平方米、拥有 3500 人的微米/纳米技术发展中心,配备最先进的仪器和超净室,并成立微米/纳米技术之家。

欧盟从 1998 年开始正式执行第 5 个框架计划,材料技术仍然是其中主要的领域之一,总投入约 5.4 亿欧元。提出了用纳米技术改变材料的生产工艺,提高材料和产品的性能,扩大其应用领域。到目前为止,欧洲已有 50 所大学、100 个国家级研究机构在开展纳米技术的研究。过去 10 年,西方发达国家纳米科技领域的投资以年均 25% 的速度增长,总投资达 100 亿美元。

环球同此凉热,从大西洋到太平洋,从美国到日本再到欧洲,各国都不甘心在纳米技术研究领域落后,纷纷投入巨资进行研究。我国也不能落在别国的后边, 科技人员在纳米技术的研究中做出了不少出色的工作。

其实,我国对纳米科技的重要性早就有所认识,想方设法从经费上给予了一定的支持。从各种科研计划到相关的重点、重大项目,政府都给予很大的资金支持,尽管如此,我国通过这些项目对纳米科技领域资助的总经费才约相当于 700 万美元,与发达国家相比,投入经费相差很大。

我国拥有一支比较精干的纳米科研队伍,他们主要集中于中科院和国内一批知名高校。我国的研究力量主要是纳米材料的合成和制备、扫描探针显微学、分子电子学以及极少数纳米技术的应用等方面。特别是在纳米材料方面获得了重要的进展,并引起了国际上的关注。1993 年,中国科学院北京真空物理实验室操纵原子成功写出"中国"二字,标

志着我国进入国际纳米技术前沿。1998 年。清华大学范守善小组在国际上首次制备出直径 3~50 纳米、长度达微米级的发蓝光氮化镓半导体的一维纳米棒。不久,中科院物理所解思深小组合成了当时世界上最长(达3 纳米)、直径最小(0.5 纳米)的"超级纤维"纳米碳管。1999 年,中科院金属所成会明制备了高质量的半壁纳米碳管,并测定了其储氢容量。2000 年,中科院金属所卢柯在国际首次发现纳米晶体铜的室温延展超塑性,纳米

晶体铜在室温下竟然可拉伸 50 倍而不断裂。1995 年,德国科技部对各国在纳米技术方面的相对领先程度的分析中,认为我国在纳米材料方面与法国同列为第 5 等级,前 4 个等级依次为日本、德国、美国、英国和北欧。

我国科学家已经研制出迄今世界上信息存储密度最高的有机材料,将信息存储点的直径缩小到了 0.6 纳米,从而在超高密度信息存储研究上再创"世界之最",保持了从 1996 年起就占据的国际领先地位。信息存储、传输和处理将是提高社会整体发展水平最重要的保障条件之一,也是世界各国高技术竞争的焦点之一。目前,各发达国家都已投入大量人力财力开展超高密度、超快速数据存储技术的研究。但即使是目前国际最高水平,信息存储点的直径也仅有 6 纳米,和我国相比落后了一个数量级。

材料是超高密度信息存储的关键。经过对数十种有机材料的反复

筛选和实验,中国科学院物理研究所高鸿钧研究员领导的研究小组,设计出有特色的电荷转移有机功能分子体系作为信息存储的介质,利用体系的特性成功实现了超高密度信息存储,显示出在分子尺度上存储时具有稳定性、重复性和可擦除性好的独特优点。研究小组将信息存储点的直径减小到 1 纳米左右,并可对信息点进行反复擦除。

高鸿钧说:"这项技术要做到商品化、产业化还需要 15 年左右的时间。我们仍将继续寻找更为合适的材料,像硅那样对电子技术产生革命性影响。"

但由于科研条件的限制,我国的研究工作只能集中在一些硬件条件要求不太高的领域,属世界首创的、具有独立知识产权的成果还很小。在纳米产业方面,国内外都还处于起步阶段。我国已经建立 10 多条纳米材料生产线,涉及纳米科技的企业达到 102 家。我国在纳米科技领域的总体上与发达国家仍然存在很大差距,尤其是在纳米器件研制方面,这将对我国未来纳米产业参与世界竞争极为不利。抓住机遇,迎头赶上,才能使我国在国际纳米技术领域的竞争中占有一席之地。

纳米生物技术

正如达尔文的进化论推动了生物学的发展那样，纳米科学技术也将生物技术的发展带入了新一轮浪潮。正是基于这种认识，美国、日本、德国等国家均已将纳米生物技术作为 21 世纪的科研优先项目予以重点发展。

美国的优先研究领域包括：生物材料(组织界面、生物相容性材料)，生物器件(生物传感器、分子探针)，纳米生物技术在临床诊疗中的应用(药物和基因载体)、生物计算等等。

日本政府在国家实验室、大学和公司设立了大量的纳米技术研究机构，这些机构中科学研究的质量和水平相当高，生物技术被列为优先研究领域。

德国于 2001 年启动了新一轮纳米生物技术研究计划，在今后 6 年内投入 1 亿马克，第一批 21 个项目的参与资金为 4000 万马克，计划的重点是纳米生物技术在生物医学工程领域的应用，主要工作包括研制出用于诊疗的摧毁肿瘤细胞的纳米导弹和可存储数据的微型存储器，利用该技术进一步开发出微型生物传感器，用于诊断受感染的人体血液中抗体的形成，治疗癌症和各种心血管病。

此外，英国、澳大利亚、韩国、俄罗斯、新加坡等国家也先后启动了国家纳米发展计划。

我国纳米生物技术的发展与先进国家相比，起步较晚，但"九五"期

间"863计划"启动了国家纳米振兴计划,"十五"期间"863计划"将纳米生物技术列为专题项目予以优先支持发展。

目前,虽然纳米生物技术的发展仍然集中在基础研究方面,但已经显示出了其巨大的产业化潜力。正如美国伯明翰大学的菲力普教授所说的那样:"纳米技术最终目的还在于生物本身。"预计,今后一段时间纳米生物技术将在下述方面有着很大的市场潜力。

单分子器件和纳米线路

微电技术一个主要努力方向就是如何使得元器件和电子线路小型化,其水平已经从20世纪70年代早期的10微米发展到了现在的0.1微米左右,以后的发展将进入纳米水平。然而,由于大规模光刻技术的根本缺陷和量子效应的存在,人们认识到在这个尺度上传统的半导体微电子技术将达到极限,需要寻求新的技术来解决这个问题,由单个有机分子构成的分子器件和分子线路是突破这个局限的可能途径。由于DNA分子所具有的特点,使得用DNA来构建单分子器件和分子线路成为一种比较好的选择。然而,在实践上如何利用DNA来构建分子线路和分子器件仍是一个巨大的挑战。这个挑战来自于几个方面,包括:①如何构建分子器件和分子线路;②得到的分子线路如何与外围宏观的系统连接。利用AFM对DNA进行纳米水平的操纵,最终将在如何构建DNA单分子器件和DNA分子本线路中得到应用。

功能化基因筛选及分析

人类基因组计划已经完成,现在最重要的是功能化基因的筛选和

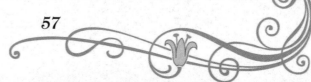

分析。而一个重要基因的发现,往往意味着巨大的财富,纳米生物技术在这方面可能有所作为。例如 DNA 操纵技术和 AFM 直观探测技术,将加速人类基因组下一阶段的基因筛选和功能分析。

许多人类遗传疾病是由 DNA 的微小变化引起的,这些变化包括单碱基的突变和 DNA 单链的缺失或嵌入,从而使得 DNA 在这个位点碱基不能正常配对。这些 DNA 突变的诊断方法的发展将对许多遗传疾病的预防和治疗起重要作用。对于短片段 DNA 的突变的探测,传统的方法已经很成熟了。现在缺少的是快速、准确地对长片段 DNA 上的突变进行检测的手段。上文提到的 DNA 上非配对位点的直观的探测方法,结合了 AFM 高分辨成像技术和 DNA 分子的拉直操纵技术,适合于大片段 DNA 的突变检测,很有发展潜力。

生物医学

纳米生物技术在疾病的诊断、治疗和卫生保健方面发挥重要作用。

首先是设计制备针对癌症的"纳米生物导弹",将抗肿瘤药物连接在磁性超微粒子上,定向射向癌细胞,并把癌细胞全部消灭。

其次是研制治疗心血管疾病的"纳米机器人",用特制超细纳米材料制成的机器人,能进入人的血管和心脏中,完成医生不能完成的血管修补等工作,并且它们对人体健康不会产生影响。

在充分安全、有效进入临床应用前,如何得到更可靠的纳米载体,更准确的靶向物

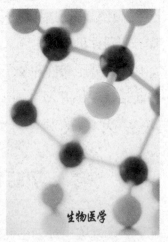

生物医学

质,更有效的治疗药物,更灵敏、操作更方便的传感器,以及体内载体作用机制的动态测试与分析方法等一系列问题仍有待于进一步研究解决。

纳米药物载体的研究方向是向智能化进行,研究制备纳米级载体与具有特异性的药物相结合以得到具有自动靶向和定量定时释药的纳米智能药物,以解决重大疾病的诊断和治疗。

相信随着纳米生物技术的发展,将可以制备出更为理想的具有智能效果的纳米药物载体,以解决人类重大疾病的诊断、治疗和预防等问题。

纳米生物技术这一新的交叉学科的出现,为人们研究和改造生物分子结构提供了新的手段和思维方式,并将成为人们研究和改造生物世界的重要领域。

人们普遍认为 21 世纪将是生命科学的世纪。另一方面,科学家们也指出纳米技术将是 21 世纪的十大关键高技术之一。因此,我们有充分的理由相信,这两种学科的交叉——纳米生物技术的发展,对我们而言,不仅是巨大的挑战,也将是取得突破的大好机会。

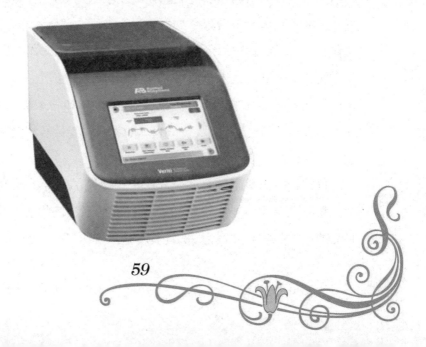

纳米晶铜

普通金属材料在冷加工过程中,由于位错在晶界上塞积,导致产生加工硬化现象,从而对材料的进一步加工十分不利。因为硬化后要使材料继续变形,就需要更大的外力;此外硬化后的材料很脆,在继续变形过程中易产生裂纹甚至断裂。以普通粗晶铜为例,当轧制变形量约为800%时,就产生了明显的裂纹。为了便于进一步加工,必须在较高温度下退火以消除硬化效应。这种加工—退火—再加工的循环工艺要反复进行多次,才能制成最终的工件。

我们知道,材料超塑性变形的基本原理是高温下的晶界滑移。著名科学家H·Gleiter(H·盖莱特)曾经预测,如果将某种材料的晶粒尺寸减小到纳米量级,那么这种材料将会在很低的温度下发生扩散蠕变。然而,近几年的实验结果却十分令人失望。大多数纳米金属样品都很脆,室温拉伸性差,扩散蠕变速率也非常低。例如,由惰性气体冷凝法制得的纳米金属粉末来制备纳米金属样品,就会出现这种情况。其主要原因是纳米样品在制备过程中不可避免地引入了缺陷,如粉末被污染,烧结致密化不高而残留微孔隙,以及显微组织的界面弱连接等。这些缺陷在变形过程中阻碍晶界运动,从而可能成为裂纹源。

近期,中国科学院金属研究所卢柯研究员领导的研究小组利用电解沉积技术成功地制备出高密度、高纯度的三维块状纳米晶铜样品。该样品的平均晶粒尺寸仅为28纳米,平均微观应变为0.03%,在室温冷轧

过程中首次发现纳米晶铜的延伸翠超过 5100%时样品厚度为 201 微米,无加工硬化效应。H·Gleiter 评价这项工作是在该领域的一次突破,它第一次向人们展示了无孔隙纳米材料是如何变形的。若将该纳米晶铜样品置于 500℃真空条件下退火 48 小时,使其晶粒充分长大至 10 微米以上,结果发现在相同的冷轧条件下当变形量为 700%时,样品四周就已经有明显的裂纹产生了。这个对比实验证明,纳米晶铜的室温超塑性主要是晶粒细化引起的。样品中缺陷少也是获得室温超塑性的一个主要原因。

纳米晶铜的室温超塑延展性意味着金属材料纳米化后,对材料传统变形机制提出了挑战,材料的加工工艺过程可大大简化,这对材料的精细加工、电子器件和微型机械的制造等具有重要价值,对纳米材料的实际应用有积极的推动作用。

纳米生物材料

高分子纳米生物材料从亚微观结构上来看,有高分子纳米微粒、纳米微囊、纳米胶束、纳米纤维、纳米孔结构生物材料等等,下面主要就高分子纳米微粒及其应用做一简单介绍。

高分子纳米微粒或称高分子纳米微球,粒径尺度在 1~1000 纳米范围,可通过微乳液聚合等多种方法得到。这种微粒具有很大的比表面积,出现了一些普通材料所不具有的新性质和新功能。

目前,纳米高分子材料的应用已涉及免疫分析、药物控制释放载体及介入体诊疗等许多方面。免疫分析现在已作为一种常规的分析方法在对蛋白质、抗原、抗体乃至整个细胞的定量分析发挥着巨大的作用。免疫分析根据其标志物的不同可以分为荧光免疫分析、放射性免疫分析和酶联分析等。在特定的载体上以共价键结合的方式固定对应于分析对象的免疫亲和分子标识物,并将含有分析对象的溶液与载体温育,然后通过显微技术检测自由载体量,就可以精确地对分析对象进行定量分析:在免疫分析中,载体材料的选择十分关键。高分子纳米微粒,尤其是某些具有亲水性表面的粒子,对非特异性蛋白的吸附量很小,因此已被广泛地作为新型的标记物载体来使用。

在药物控制释放方面,高分子纳米微粒具有重要的应用价值。许多研究结果已经证实,某些药物只有在特定部位才能发挥其药效,同时它又易被消化液中的某些生物大分子所分解。因此,口服这类药物的药效并不理想。于是人们用某些生物可降解的高分子材料对药物进行保护并控制药物的释放速度，这些高分子材料通常以微球或微囊的形式存在。药物经载体运送后，药效损伤很小，而且药物还可以有效控制释放，延长了药物的作用时间。作为药物载体的高分子材料主要有聚乳酸、乳酸—醇酸共聚物、聚丙烯酸酯类等。纳米高分子材料制成的药物载体与各类药物，无论是亲水性的、疏水性的药或者是生物大分子制剂，均能够负载或包覆多种药物，同时可以有效地控制药物的释放速度。

例如，中南大学开展了让药物瞄准病变部位的"纳米导弹"的磁纳米微粒治疗肝癌研究，研究内容包括磁性阿霉素白蛋白纳米粒在正常肝的磁靶向性、在大鼠体内的分布及对大鼠移植性肝癌的治疗效果等。结果表明，磁性阿霉素白蛋白纳米粒具有高效磁靶向性，在大鼠移植肝肿瘤中的聚集

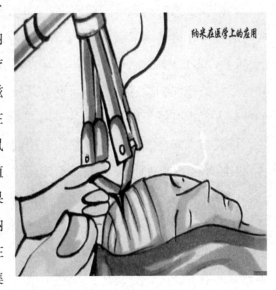

纳米在医学上的应用

明显增加，而且对移植性肿瘤有很好的疗效。

靶向技术的研究主要在物理化学导向和生物导向两个层次上进行。物理化学导向在实际应用中缺乏准确性，很难确保正常细胞不受到药物的攻击。生物导向可在更高层次上解决靶向给药的问题，物理化学导向系利用药物载体的 pH 敏感，热敏感、磁敏感等特点在外部环境的作用下(如外加磁场)对肿瘤组织实行靶向给药。磁性纳米载体在生物体的靶向性是利用外加磁场，使磁性纳米粒在病变部位富集，减小正常组

织的药物暴露,降低毒副作用,提高药物的疗效。磁性靶向纳米药物载体主要用于恶性肿瘤、心血管病、脑血栓、冠心病、肺气肿等疾病的治疗。生物导向系利用抗体、细胞膜表面受体或特定基因片段的专一性作用,将配位子结合在载体上,与目标细胞表面的抗原性识别器发生特异性结合,使药物能够准确送到肿瘤细胞中。药物(特别是抗癌药物)的靶向释放面临网状内皮系统(RES)对其非选择性清除的问题。再者,多数药物为疏水性,它们与纳米颗粒载体偶联时,可能产生沉淀,利用高分子聚合物凝胶成为药物载体可望解决此类问题。因凝胶可高度水合,如合成时对其尺寸达到纳米级,可用于增强对癌细胞的通透和保留效应。目前,虽然许多蛋白质类、酶类抗体能够在实验室中合成,但是更好的、特异性更强的靶向物质还有待于研究与开发。而且药物载体与靶向物质的结合方式也有待于研究。

　　该类技术安全、有效进入临床应用前仍需要诸如更可靠的纳米载体、更准确的靶向物质、更有效的治疗药物、更灵敏,操作性更方便的传感器以及体内载体作用机制的动态测试与分析方法等重大问题尚待研究解决。

　　DNA 纳米技术(DNA nanotechnology)是指以 DNA 的理化特性为原理设计的纳米技术,主要应用于分子的组装。DNA 复制过程中所体现的碱基的单纯性、互补法则的恒定性和专一性,遗传信息的多样性以及构象上的特殊性和拓扑靶向性,都是纳米技术所需要的设计原理。现在利用生物大分子已经可以实现纳米颗粒的自组装。将一段单链的 DNA 片断连接在 13 纳米直径的纳米金颗粒 A 表面,再把序列互补的另一种单链 DNA 片断连接在纳米金颗粒 B 表面。将 A 和 B 混合,在 DNA 杂交条件下,A 和 B 将自动连接在一起。利用 DNA 双链的互补特性,可以实现纳米颗粒的自组装。利用生物大分子进行自组装,有一个显著的优点:

可以提供高度特异性结合。这在构造复杂体系的自组装方面是必需的。

美国波士顿大学生物医学工程所 Bukanov 等研制的 PD 环 (PD-loop)(在双链线性 DNA 中复合嵌入一段寡义核苷酸序列)比 PCR 扩增技术具有更大的优越性；其引物无需保存于原封不动的生物活性状态，其产物具有高度序列特异性，不像 PCR 产物那样可能发生错配现象。PD 环的诞生为线性 DNA 寡义核苷酸杂交技术开辟了一条崭新的道路，使从复杂 DNA 混合物中选择分离出特殊 DNA 片段成为可能，并可能应用于 DNA 纳米技术中。

基因治疗是治疗学的巨大进步。质粒 DNA 插入目的细胞后，可修复遗传错误或可产生治疗因子(如多肽、蛋白质、抗原等)。利用纳米技术，可使 DNA 通过主动靶向作用定位于细胞；将质粒 DNA 浓缩至 50~200 纳米大小且带上负电荷，有助于其对细胞核的有效入侵；而最后质粒 DNA 能否插入细胞核。DNA 的准确位点则取决于纳米粒子的大小和结构：此时的纳米粒子是由 DNA 本身所组成，但有关它的物理化学特性尚有待进一步研究。

脂质体(liposome)是一种定时定向药物载体，属于靶向给药系统的一种新剂型。20 世纪 60 年代，英国的 D·Bangham 首先发现磷脂分散在水中构成由脂质双分子层组成的内部为水相的封闭囊泡，由双分子磷脂类化合物悬浮在水中形成的具有类似生物膜结构和通透性的双分子囊泡称为脂质体。20 世纪 70 年代初，Y·E·Ragman 等在生物膜研究的基础上，首次将脂质体作为细菌和某些药物的载体。纳米脂质体作为药物载体有如下优点。

(1)由磷脂双分子层包封水相囊泡构成，与各种固态微球药物载体相区别，脂质体弹性大，生物相容性好。

(2)对所载药物有广泛的适应性，水溶性药物载入内水相脂溶性药

物溶于脂膜内,两亲性药物可插于脂膜上,而且同一个脂质体中可以同时包载亲水和疏水性药物。

(3)磷脂本身是细胞膜成分,因此纳米脂质体注入体内无毒,生物利用度高,不引起免疫反应。

(4) 保护所载药物,防止体液对药物的稀释,及被体内酶的分解破坏。

纳米粒子将使药物在人体内的传输更为方便,对脂质体表面进行修饰,比如将对特定细胞具有选择性或亲和性的各种配体组装于脂质体表面,以达到寻靶目的。以肝脏为例,纳米粒子-药物复合物可通过被动和主动两种方式达到靶向作用;当该复合物被 Kupffer 细胞捕捉吞噬,使药物在肝脏内聚集,然后再逐步降解释放入血液循环,使肝脏药物浓度增加,对其他脏器的副作用减少,此为被动靶向作用;当纳米粒子尺寸足够小约 100~150 纳米且表面覆以特殊包被后,便可以逃过 Kupffer 细胞的吞噬,靠其连接的单克隆抗体等物质定位于肝实质细胞发挥作用,此为主动靶向作用。用数层纳米粒子包裹的智能药物进入人体后可主动搜索并攻击癌细胞或修补损伤组织。

纳米粒子作为输送多肽与蛋白质类药物的载体是令人鼓舞的,这不仅是因为纳米粒子可改进多肽类药物的药代动力学参数,而且在一定程度上可以有效地促进肽类药物穿透生物屏障。纳米粒子给药系统作为多肽与蛋白质类药物发展的工具有着十分广泛的应用前景。

由于纳米粒子的粒径很小,具有大量的自由表面,使得纳米粒子具有较高的胶体稳定性和优异的吸附性能,并能较快地达到吸附平衡,因此,高分子纳米微粒可以直接用于生物物质的吸附分离。将纳米颗粒压成薄片制成过滤器,由于过滤孔经径纳米量级,在医药工业中可用于血清的消毒(引起人体发病的病毒尺寸一般为几十纳米)。

　　通过在纳米粒子表面引入羧基、羟基、磺酸基、氨基等基团,就可以利用静电作用或氢键作用使纳米粒子与蛋白质、核酸等生物大分子产生相互作用,导致共沉降而达到分离生物大分子的目的。当条件改变时,又可以使生物大分子从纳米粒子上解吸附,使生物大分子得到回收。

　　纳米高分子粒子还可以用于某些疑难病的介入性诊断和治疗。由于纳米粒子比红血球(6~9 微米)小得多,可以在血液中自由运动,因此可以注入各种对机体无害的纳米粒子到人体的各部位,检查病变和进行治疗。据报道,动物实验结果表明,将载有地塞米松的乳酸–乙醇酸共聚物的纳米粒子,通过动脉给药的方法送入血管内,可以有效治疗动脉再狭窄,而载有抗增生药物的乳酸–乙酸共聚物纳米粒子经冠状动脉给药,可以有效防止冠状动脉再狭窄。

　　除此之外,载有抗生素或抗癌制剂的纳米高分子可以用动脉输送给药的方法进入体内,用于某些特定器官的临床治疗。载有药物的纳米球还可以制成乳液进行肠外或肠内的注射;也可以制成疫苗进行皮下或肌肉注射。

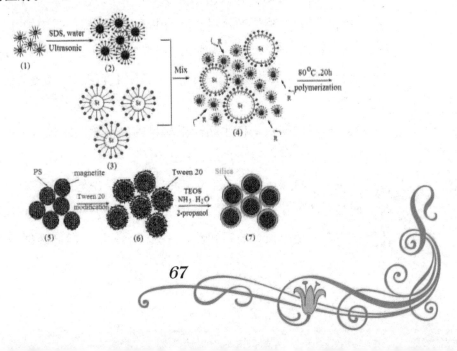

纳米陶瓷材料

纳米陶瓷是 20 世纪 80 年代中期发展起来的先进材料，是由纳米级水平显微结构组成的新型陶瓷材料，它的晶粒尺寸、晶界宽度、第二相分布、气孔尺寸、缺陷尺寸等都只限于 100 纳米量级的水平。纳米结构所具有的小尺寸效应、表面与界面效应使纳米陶瓷呈现出与传统陶瓷显著不同的独特性能。纳米陶瓷已成为当前材料科学、凝聚态物理研究的前沿热点领域，是纳米科学技术的重要组成部分。

生物陶瓷作为一种生物医用材料，无毒副作用，与生物组织具有良好的相容性和耐腐蚀性，备受人们的青睐，在临床上已有广泛的应用，用于制造人工骨、骨钉、人工齿、牙种植体、骨髓内钉等。目前，生物陶瓷材料的研究已从短期的替代与填充发展成为永久性牢固种植，从生物惰性材料发展到生物活性材料。但是由于常规陶瓷材料中气孔、缺陷的影响，该材料低温性能较差，弹性模量远高于人骨，力学性能不匹配，易发生断裂破坏，强度和韧性都不能满足临床上的要求，致使其应用受到很大的限制。

纳米材料的问世，使生物陶瓷材料的生物学性能和力学性能大大提高成为可能。与常规陶瓷材料相比，纳米陶瓷中的内在气孔或缺陷尺寸大大减小，材料不易造成穿晶断裂，有利于提高固体材料的断裂韧性。而晶粒的细化又使晶界数量大大增加，有助于晶界间的滑移，使纳米陶瓷材料表现出独特的超塑性。一些材料科学家指出，纳米陶瓷是解

决陶瓷脆性的战略途径。同时,纳米材料固有的表面效应使其表面原子存在许多悬空键,并且有不饱和性质,具有很高的化学活性。这一特性可以增加该材料的生物活性和成骨诱导能力,实现植入材料在体内早期固定的目的。

美国的科学家研究了纳米固体氧化铝和纳米固体磷灰石材料与常规的氧化铝和磷灰石固体材料在体外模拟实验中的差异,结果发现,纳米固体材料具有更强的细胞吸附和繁殖能力。他们猜测这可能是由于以下原因。

(1)纳米固体材料在模拟环境中更易于降解。

(2)晶粒和孔洞尺寸的减小改变了材料的表面粗糙度,增强了人类成骨细胞的功能。

(3)纳米固体材料的表面亲水性更强,细胞更易于在其上吸附。

此外,人们还利用纳米微粒颗粒小,比表面积大并有高的扩散速率的特点,将纳米陶瓷粉体加入某些已被提出的生物陶瓷材料中,以便提高此类材料的致密度和韧性,用做骨替代材料。如用纳米氧化铝增韧氧化铝陶瓷,用纳米氧化锆增韧氧化锆陶瓷等,已取得了一定的进展。

我国四川大学的科学家将纳米类骨磷灰石晶体与聚酰胺高分子制成复合体,并将纳米晶体含量调节到与人骨所含的纳米晶体比例相同,研制成功纳米人工骨。这种纳米人工骨是一种高强柔韧的复合仿生生物活性材料。由于这种复合材料具有优异的生物相容性、力学相容性和生物活性,用它制成的纳米人工骨不但能与自然骨形成生物键合,而且易与人体肌肉和血管牢牢长在一起。并可以诱导软骨的生成,各种特性几乎与人骨特性相当。另外他们还构思将纳米固体陶瓷材料制造成人工眼球的外壳,使这种人工眼球不仅可以像真眼睛一样同步移动,也可以通过电脉冲刺激大脑神经,看到精彩世界;理想中的纳米生物陶瓷眼

球可与眶肌组织达到很好的融合,并可以实现同步移动。

在无机非金属材料中,磁性纳米材料最为引人注目,已成为目前新兴生物材料领域的研究热点。特别是磁性纳米颗粒表现出良好的表面效应,比表面激增,功能团密度和选择吸附能力变大,携带药物或基因的百分数量增加。在物理和生物学意义上,顺磁性或超顺磁性的纳米铁氧体纳米颗粒在外加磁场的作用下,温度上升至 40℃~45℃,可达到杀死肿瘤的目的。

德国学者报道了含有 75%~80%铁氧化物的超顺磁多糖纳米粒子(200~400 纳米)的合成和物理化学性质。将它与纳米尺寸的 SiO_2 相互作用,提高了颗粒基体的强度,并进行了纳米磁性颗粒在分子生物学中的应用研究,试验了具有一定比表面的葡萄糖和二氧化硅增强的纳米粒子。在下列方面与工业上可获得的人造磁铁做了比较:DNA 自动提纯、蛋白质检测、分离和提纯、生物物料中逆转录病毒检测、内毒素消除和磁性细胞分离等。例如在 DNA 自动提纯中,用浓度为 25 毫克每毫升的葡聚糖钠米糙粒和 SiO_2 增强的纳米粒子悬浊液,达到了 ≥ 300 纳克每微升的 DNA 型 1~2KD 的非专门 DNA 键合能力。SiO_2 增强的葡聚糖钠米粒子的应用使背景信号大大减弱。此外,还可以将磁性纳米粒子表面涂覆高分子材料后与蛋白质结合,作为药物载体注入到人体内,在外加磁场 $2125×10^2/\pi(A/m)$ 作用下,通过纳米磁性粒子的磁性导向性,使其向病变部位移动,从而达到定向治疗的目的。例如 10~50 纳米的 Fe_3O_4 磁性粒子表面包裹甲基丙烯酸,尺寸约为 200 纳米,这种亚微米级的粒子携带蛋白、抗体和药物可以用于癌症的诊断和治疗。这种局部治疗效果好,副作用少。

另外根据 TiO_2 纳米微粒在光照条件下具有高氧化还原能力,能分解组成微生物的蛋白质,科学家们进一步将 TiO_2 纳米微粒用于癌细胞治疗,

研究结果表明,紫外光照射10分钟后,TiO$_2$纳米微粒能杀灭全部癌细胞。

其他方面的应用还有一些例子。

20世纪80年代初,人们开始利用纳米微粒进行细胞分离,建立了用纳米SiO$_2$微粒实现细胞分离的新技术。其基本原理和过程是:先制备SiO$_2$纳米微粒,尺寸大小控制在15~20纳米,结构一般为非晶态,再将其表面包覆单分子层。包覆层的选择主要依据所要分离的细胞种类而定,一般选择与所要分离细胞有亲和作用的物质作为附着层。这种SiO$_2$纳米位子包覆后所形成复合体的尺寸约为30纳米;第二步是制取含有多种细胞的聚乙烯吡咯烷酮胶体溶液,适当控制胶体溶液浓度;第三步是将纳米SiO$_2$包覆粒子均匀分散到含有多种细胞的聚乙烯吡咯烷酮胶体溶液中,再通过离心技术,利用密度梯度原理,使所需要的细胞很快分离出来。此方法的优点是:①易形成密度梯度;②易实现纳米SiO$_2$粒子与细胞的分离。这是因为纳米SiO$_2$微粒是属于无机玻璃的范畴,性能稳定,一般不与胶体溶液和生物溶液反应,既不会玷污生物细胞,也容易把它们分开。

利用不同抗体对细胞内各种器官和骨骼组织的敏感程度和亲和力的显著差异,选择抗体种类,将纳米金粒子与预先精制的抗体或单克隆抗体混合,制备成多种纳米金—抗体复合物—借助复合粒子分别与细胞内各种器官和骨骼系统结合而形成的复合物,在白光或单色光照射下呈现某种特征颜色(如10纳米的金粒子在光学显微镜下呈红色),从而给各种组合"贴上"了不同颜色的标签,因而为提高细胞内组织的分辨率提供了一种急需的染色技术。

生物材料应用于人体后,其周围组织有伴生感染的危险,这将导致材料的失效和手术的失败,给患者带来巨大的痛苦。为此,人们开发出一些兼具抗菌性的纳米生物材料。如在合成羟基磷灰石纳米粉的反应

中,将银、铜等可溶性盐的水溶液加入反应物中,使抗菌金属离子进入磷灰石结晶产物中,制得抗菌磷灰石微粉,用于骨缺损的填充和其他方面。

目前已发现多种具有杀菌或抗病毒功能的纳米材料。二氧化钛是一种光催化剂,普通 TiO_2 在有紫外光照射时才有催化作用,但当其粒径在几十纳米时,只要有可见光照射就有极强的催化作用。研究表明在其表面会产生自由基离子破坏细菌中的蛋白质,从而把细菌杀死,并同时降解由细菌释放出的有毒复合物。实践中可通过向产品整体或部件中添加纳米 TiO_2,再用另一种物质将其固定化,在一定的温度下自由基离子会缓慢释放,从而使产品具有杀菌或抗菌功能。例如用 TiO_2 处理过的毛巾,只要有可见光照射,毛巾上的细菌就会被纳米 TiO_2 释放出的自由基离子杀死。TiO_2 光催化剂适合于直接安放于医院病房、手术室及生活空间等细菌密集场所。

经过近几年的发展,纳米生物陶瓷材料研究已取得了可喜的成绩,但从整体来分析,此领域尚处于起步阶段,许多基础理论和实践应用还有待于进一步研究。如纳米生物陶瓷材料制备技术的研究——如何降低成本使其成为一种平民化的医用材料;新型纳米生物陶瓷材料的开发和利用;如何尽快使功能性纳米生物陶瓷材料从展望变为现实,从实验室走向临床;大力推进分子纳米技术的发展,早日实现在分子水平上构建器械和装置,用于维护人体健康等,这些工作还有待于材料工作者和医学工作者的竭诚合作和共同努力才能够实现。

纳米复合材料

从材料学角度来看,生物体及其多数组织均可视为由各种基质材料构成的复合材料。具体来看,生物体内以无机-有机纳米生物复合材料最为常见,如骨骼、牙齿等就是由羟基磷灰石纳米晶体和有机高分子基质等构成的纳米生物复合材料。人们通过仿生矿化方法制备纳米生物复合材料,获得了优于常规材料的力学性能。

按照生物矿化过程原理,美国科学家找到了一种两亲性肽分子,该两亲分子一端为亲水的精氨酸-甘氨酸-天冬氨酸(RGD),另一端含有磷酰化的氨基酸残基,亲水的RGD序列有利于材料与细胞的黏连,而磷酰化的氨基酸残基可与钙离子相互作用。此两亲性肽分子能组装成纳米纤维以及促进生物矿化,使之成为模板指导羟基磷灰石(HA)结晶生长。此两亲分子纳米纤维溶液可形成类似于骨的胶原纤维基质的凝胶,因此可将凝胶注射至骨缺损处作为生成新骨组织的基质。研究表明将凝胶置于含酸和磷酸盐离子的溶液中,20分钟后体系仿生矿化,HA结晶沿纤维生长,转变成羟基磷灰石-肽复合材科,该纳米生物复合材料坚硬如真骨。

清华大学研究开发的纳米级羟基磷灰石-胶原复合物在组成上模仿了天然骨基质中无机和有机成分,其纳米级的微结构类似于天然骨基质。多孔的纳米羟基磷灰石-胶原复合物形成的三维支架为成骨细胞提供了与体内相似的微环境。细胞在该支架上能很好地生长并能分泌骨基质。体外及动物实验表明,此种羟基磷灰石—胶原复合物是良好的骨修复纳米生物材料。

纳米的制作

纳米材料包括纳米粉末和纳米固体两个层次。纳米固体是用粉末冶金工艺以纳米粉末为原料,经过成形和烧结制成的。纳米粉末的制备一般可分为物理方法(蒸发-冷凝法、机械含金化)和化学方法(化学气相法、化学沉淀法、水热法、溶胶-凝胶法、溶剂蒸发法、电解法、高温蔓延合成法等)。制备的关键是如何控制颗粒大小和获得较窄且均匀的粒度分布 (即无团聚或团聚烃)以及如何保证粉末的化学纯度。至于在实际生产中选择哪一种制备方法,就要综合考虑生产条件、对粉末质量的要求、产量及成本等因素。

蒸发 – 冷凝法

这种方法又称为物理气相沉积法(PVD),是用真空蒸发、激光、电弧高频感应、电子束照射等方法使原料气化或形成等离子体,然后在介质中骤冷使之凝结。该方法的特点:纯度高、结晶组织好、粒度可控,但技术设备要求高。根据加热源的不同,该方法又分为 6 种。

真空蒸发–冷凝法。其原理是对蒸发物质进行真空加热蒸发,然后在高纯度惰性气氛(Ar, He)中冷凝形成超细微粒。该方法仅适用于制备低熔点、成分单一的物质, 是目前制备纳米金属粉末的主要方法。如1984 年 Gleiter 首次用惰性气体冷凝和原位加压成形, 研制成功了 Pe、

Pd、Cu 等纳米金属材料。但该方法在合成金属氧化物、氮化物等高熔点物质的纳米粉末时还存在局限性。

高压气体雾化法。是利用高压气体雾化器将-20℃~40℃的氮气和氩气以超音速射入熔融材料的液流内,熔体被破碎成极细颗粒的射流,然后急剧骤冷而得到超微粒。

激光加热蒸发法。是以激光为快速加热源,使气相反应物分子内部很快地吸收和传递能量,在瞬间完成气相反应的成核、长大和终止,但由于激光器的出粉效率低,电能消耗较大,投资大,故该方法难以实现规模化生产。

高频感应加热法。是以高频线圈为热源,使坩埚内的物质在低压(1~10kPa)的 He、N_2 等惰性气体中蒸发,蒸发后的金属原子与惰性气体原子相碰撞冷却凝聚成微粒。但该方法不适于高沸点的金属和难熔化合物,且成本较高。

等离子体法。是用等离子体将金属、化合物原料熔融、蒸发和冷凝,从而获得纳米微粒。该方法制得的纳米粉末纯度高、粒度均匀,且适于高熔点金属、金属氧化物、碳化物、氮化物等。但离子枪寿命短、功率低、热效率低。

电子束照射法。利用高能电子束照射母材 (一般为金属氧化物如 Al_2O_3 等),表层的金属—氧(如 Al—O 键)被高能电子"切断",蒸发的金属原子通过瞬间冷凝、成核、长大,最后形成纳米金属(如 Al)粉末。但目前该方法仅限于获得纳米金属粉末。

 ## 机械合金(MA)法

该法利用高能球磨方法控制适当的球磨条件以获得纳米级粉末是

典型的固相法。该方法工艺简单、制备效率高，能制备出用常规方法难以获得的高熔点金属和合金、金属间化合物、金属陶瓷等纳米粉末。如1988年日本 Shing 等人首次利用机械合金化制备 10 纳米的 Al-Fe 合金粉末。但是，该方法在制备过程中易引入杂质，粉末纯度不高、颗粒分布也不均匀。

化学气相法

该法利用挥发性金属化合物蒸气的化学反应来合成所需粉末，是典型的气相法。适用氧化物和非氧化物粉末的制备特点：产物纯度高，粒度可控，粒度分布均匀且窄，无团聚。但设备投资大、能耗高、制成本高。

化学气相沉积法(CVD)原料以气体方式在气相中发生化学反应形成化合物微粒。普通 CVD 法获得的粉末一般较粗，颗粒存在再团聚和烧结现象。而等离子体增强的化学气相沉积法是利用等离子体产生的超高温激发气体发生反应，同时利用等离子体高温区与其周围环境形成的巨大温度梯度，通过急冷获得纳米微粒。如日本的新原皓一应用此法制备了 Si_3N_4/SiC 纳米复合粉末。利用该方法制得的粉末粒度可控，粒度分布均匀，无团聚，但成本较高，不适合工业化大规模生产。

气相分解法。一般是以金属有机物为原料，通过气相状态下的热分解而制得纳米粉末。例如以 $Zr(OC_4H_9)_4$ 为原料，经气相分解合成 ZrO_2 纳米粉末。但是，金属有机物原料成本较高。

化学沉淀法

这是液相化学合成高纯纳米粉末应用最广的方法之一。它是将沉淀剂(OH⁻、CO_3^{2-}、SO_4^{2-}等)加入到金属盐溶液中进行沉淀处理,再将沉淀物过滤、干燥、煅烧,就制得纳米级化合物粉末,是典型的液相法。主要用于制备纳米级金属氧化物粉末。它又包括共沉淀和均相沉淀法。如何控制粉末的成分均匀性及防止形成硬团聚是该方法的关键问题。

共沉淀法。将沉淀剂加入混合金属盐溶液中,使各组分混合均匀地沉淀,再将沉淀物过滤,干燥,煅烧,即得纳米粉末。如以 $ZrOCl_2 \cdot 8H_2O$ 和 YCl_3 为起始原料,用过量氨水作沉淀剂,采用化学共沉法制备 ZrO_2-Y_2O_3,纳米粉末。为了防止形成硬团聚,一般还采用冷冻干燥或共沸蒸馏对前驱物进行脱水处理。

均相沉淀法。一般的沉淀过程是不平衡的,但如果控制溶液中的沉淀剂浓度,使之缓慢地增加,则可使溶液中的沉淀反应处于平衡状态,且沉淀可在整个溶液中均匀地出现,这种沉淀法称为均相沉淀法。例如施剑林采用尿素作为均相沉淀剂,使之在 70℃左右发生分解形成氨水沉淀剂,通过均相沉淀法制备 $ZrAO_2$-Y_2O_3,纳米粉末。

水热法是通过金属或沉淀物与溶剂介质(可以是水或有机溶剂)在一定温度和压力下发生水热反应,直接合成化合物粉末。若以水为介质,一般用于合成氧化物晶态粉末。如 Zr 或 $Zr(OH)_4$ 与 H_2O 在 300℃以上发生水热反应生成 ZrO_2 纳米粉末。该方法的最大优点是由于避开了前驱体的煅烧过程,因而粉末中不含硬团聚,所得粉末的烧结性极佳。但水热法在制备复合粉末时,为保证粉末成分均匀性,反应条件苛刻,且制粉成本高。

最近,钱逸泰等人以有机溶剂作为介质,利用类似于水热法的方法

(此时又称有机溶剂热合成法)合成出了纳米级非氧化物粉末。例如,以 $GaCl_3$ 和 Li_3N 为原料,以苯为介质,在 300℃以下合成纳米 GaN(氮化镓)粉末。以 $InCl$,和 $AsCl_3$,为原料,以甲苯为介质,以金属 Na(钠)为还原剂,在 150℃合成了纳米 I–nAs(砷化铟)粉末。以 CCl_4 和金属 Na 为原料,在 700℃制造了纳米级金刚石粉末;该工作发表在 Science(《科学》)上,立即被美国评价为"稻草变黄金"。以 $SiCl_4$ 和 NaN_3 为原料, 在 670℃和 46MPa 下制备出晶态 $SiCl_4$ 纳米粉末。以 $SiCl_4$ 和活性炭为原料,用金属 Na 作还原剂,在 600℃制取纳米 SiC 粉末。在 350℃、10MPa 下,用金属 K(钾)还原六氯代苯合成了多层纳米碳管……可见,有机溶剂热合成法是一个合成非氧化物纳米粉末非常有前途的方法

 ## 溶胶－凝胶法

溶胶–凝胶法(Sol–gel)的基本原理是:以易于水解的金属化合物(无机盐或金属醇盐)为原料,使之在某种溶剂中与水发生反应,经过水解和缩聚过程逐渐凝胶化,再经干燥和煅烧到所需氧化物纳米粉末。此外,溶胶–凝胶法也是制备薄膜和涂层的有效方法。从溶胶到凝胶再到粉末,组分的均匀性和分散性基本上得以保留;加之煅烧温度低,因此,所得粉末的粒度一般为几十个纳米。对于金属醇盐水解的溶胶–凝胶法,一般需用有机醇作介质,水的体积分数较低,由于低的表面张力以及不易形成氢键,因此所得粉末的团聚强度也低。然而,由于金属醇盐原料昂贵,加之操作复杂,该方法的推广应用受到限制,目前还处于实验室研究阶段。

目前以非醇盐为原料的络合物溶胶–凝胶法开始大量采用,正是基于降低合物溶胶–凝胶法,被广泛用于制备氧化物超导材料。络合剂在

这里主要起到抑制组分结晶析出的作用，以确保各个组分在溶液状态下的混合均匀性保留在复合粉末中。但是，用该方法制得的粉末基本上是团聚的。

溶剂蒸发法

通过加热直接将溶剂蒸发，随后溶质从溶液中过饱和析出，使溶质与溶剂分离。但这只适于单组分溶液的干燥。对多组分体系来说，由于各组分在溶液中存在溶解度的差异，因而蒸发的各个溶质析出的先后顺序不同，这就会造成成分的分离，使体系失去化学均匀性。例如，制备PLZT 粉末时，若采用直接蒸发的方法，首先析出硝酸钛的水解产生 Ti(OH)$_4$，而其他组分的析出则较慢，因而影响 PLZT 粉末的成分均匀性。所以，直接蒸发法一般不作为首选方法。为了解决这个问题，可采用喷雾干燥或冷冻干燥，先将溶液分散成小液滴，并通过迅速加热或升华过程将溶剂脱除，就可以减小成分分离可能发生的范围，甚至抑制成分分离，从而制得成分均匀的粉末。

电解法

电解法包括水溶液和熔融盐电解。用该方法可制得一般方法不能制备或很难制备的高纯金属纳米粉末，特别是电负性大的金属粉末。例如卢柯用电解沉积技术制备了纳米铜粉末。

高温自蔓延合成(SHS)法

在引燃条件下，利用反应热形成自蔓延的燃烧过程制取化合物粉末的方法称为高温自蔓延合成法。最早由前苏联研究成功。但是，用该方法难以获得纳米级粉末，且产品的许多性能是难以控制的,SHS法可分为元素合成和化合物合成两种方法。所谓元素合成是指反应物原料均为单质元素,例如用钛粉与非晶硼粉为原料,采用SHS技术可合成较细的二硼化钛 (TiB$_2$)粉末,TiB$_2$ 粉末的纯度主要取决于原料的纯度。但是,由于高纯度的非晶硼粉价格昂贵(20 元每克),使得用该方法制得的TiB$_2$ 粉末没有实用价值。所谓化合物合成是用金属或金属氧化物为反应剂,活性金属(如 Al、Mg 等)为还原剂。此外,SHS 法还可用于烧结、热致密化、冶金铸造、涂层等。

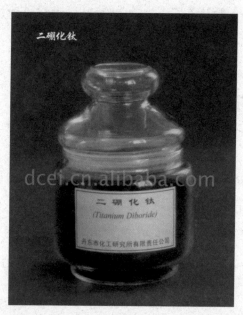

纳米材料与应用

21世纪,纳米材料将成为材料科学领域的一个大放异彩的"明星",在新材料、信息、能源等各个技术领域发挥举足轻重的作用,神通广大的纳米材料,及其诱人的应用前景促使人们对这一崭新的材料努力探索,并扩大其应用,使它为人类带来更多的利益。

 ## 陶瓷增韧

由于大多数陶瓷是由离子键或共价键组成的,所以与金属材料和高分子材料相比,它有自己的特性:熔点高、硬度高,弹性模量高、高温强度高、耐磨、耐蚀、耐热、抗氧化等。许多精细陶瓷(又叫特种陶瓷,以区别于传统陶) 如 Al_2O_3、ZrO_2、Si_3N_4、SiC、TiC、TiB_2 等都是优异的高温结构材料。其中,有些陶瓷还具有优异的综合性能,如 ZrO 既是优良的结构材料,用于制造整形模、拉丝模、切削刀具、表带、连杆、推杆、轴承、气缸内衬、活塞帽、坩埚、磨球等;又是具有氧离子导电性的功能材料,用于制造氧传感器,广泛应用于检测汽车尾气、锅炉烟气及钢液氧含量,还可制造高温燃料电池和电化学氧泵。又如,Si_3N_4 既可作发动机零部件和刀具材料,又可作抗腐蚀和电磁方面应用的材料。SiC 既是极有前途的高温结构材料,又是常用的发热体材料、非线性压敏电阻材料、耐火材料,磨料和原子能材料。

然而,特种陶瓷与传统陶瓷一样,它的最大缺点是塑性变形能力差、韧性低、不易成型加工。由于这些缺点,材料一经制成成品,其显微结构就难以像金属和合金那样可通过变形加上纳米求得改善,特别是其中的孔洞、微裂纹和有害杂质不可能通过变形加工来改变其形态或予以消除。并且,陶瓷的力学性能的结构敏感性也比金属和合金强得多,因此,陶瓷材料往往容易产生突发性的脆性断裂。由于这些缺点,使得结构陶瓷的广泛应用受到一定的限制。改善陶瓷材料的韧性并达到工程化应用水平一直是材料科学家孜孜以求的目标。近年来的研究表明,由于纳米陶瓷晶粒大大细化,晶界数量大幅度增加,可使陶瓷的强度、韧性和超塑性大为提高,并对材料的电、磁、光、热等性能产生重要的影响。

由于纳米粉末具有巨大的比表面积,使作为粉末性能驱动力的表面能剧增,扩散速率增大,扩散路径变短,烧结活化能降低,因而烧结致密化速率加快,烧结温度降低,烧结时间缩短。既可获得很高的致密化,又可获得纳米级尺度的显微结构组织,这样的纳米陶瓷将具有最佳的力学性能。还有利于减少能耗,降低成本。例如,纳米 Al_2O_3 的烧结温度比微米级 Al_2O_3,降低了 300℃~4000℃;纳米 ZrO_2 的烧结温度比微米级 ZrO_2 降低了 400℃;纳米 Si_3N_4 烧结温度比微米级 Si_3N_4 降低了 400℃~5000℃;纳米 Y-TZP 陶瓷的超塑性应变速率比 $0.31\mu um$ 的亚微米 Y-TZP 高 34 倍;纳米 TiO_2 陶瓷的显微硬度是普通 TiO_2 的 6.5 倍;纳米 SiC 陶瓷的断裂韧性比普通 SiC 提高 100 倍。

近年来纳米陶瓷的一个重要发展方向是纳米复合陶瓷。纳米复合陶瓷一般分为三类:①晶内型,即晶粒内纳米复合型,纳米粒子主要弥散于微米或亚微米级基体晶粒内;②晶间型,即晶粒间纳米复合型,纳米粒子主要分布于微米或亚微米级基体晶粒间;③晶内/晶间纳米复合型,由纳米级粒子与纳米级基体晶粒组成。在陶瓷基体中引入纳米级分

散相粒子进行复合,使陶瓷材料的强度、韧性及高温性能得到大大改善。日本的新原皓一总结了几种纳米复合陶瓷的性能改善,发现纳米复合技术使陶瓷基体材料的强度和韧性提高 2~5 倍,工作温度提高 25%~133%。在氧化物陶瓷中加入适量纳米颗粒后,强度和耐高温性能明显提高,如 $SiC(n)/MgO$ 纳米复合陶瓷在 1400℃仍然具有 600MPa 的强度。这表明在解决1600℃以上应用的高温结构材料方面,纳米复合陶瓷是一个重要途径。

在纳米复合陶瓷方面,许多国家非常重视并进行了比较系统的研究,取得了一些具有商业价值的研究成果,西欧、美国和日本正在进行中间生产的转化工作。例如,把纳米 Al_2O_3 粉末加入到粗晶 Al_2O_3 粉末中,可提高 Al_2O_3,坩埚的致密度和耐冷热疲劳性能。英国科技人员把纳米 Al_2O_3 与纳米 ZrO_2,进行混合,烧结温度可降低 100℃,在实验室已获得高韧性的陶瓷材料。英国还制定了一个很大的纳米材料发展计划,重点发展纳米 Al_2O_3/纳米 ZrO_2,纳米 Al_2O_3/纳米 SiO_2/纳米 Al_2O_3/纳米 Si_3N_4/纳米 Al_2O_3/纳米 SiC 等新型纳米复合陶瓷。日本用纳米 Al_2O_3 与亚微米 SiO_2 合成莫来石,这是一种非常好的电子封装材料,研究目标是提高致密度、韧性和热导率。德国将 20%的纳米 SiC 掺入粗晶。α-SiC 粉末中,断裂韧性提高 25%。

我国已经成功地用多种方法制备了纳米陶瓷粉末,其中 ZrO_2、SiC、Al_2O、TiO_2、SiO_2、Si_3N_4 等纳米粉末都已经完成了实验室工作,制备工艺稳定、生产量大,为大规模生产提供了良好的条件,并引起了企业界的普遍关注。Al_2O_3 基板材料是微电子工业重要的材料之一,长期以来我国的基板材料靠国外进口。最近采用流延法初步制备了添加纳米 Al_2O_3 的基板材科,光洁度大大提高,抗冷热疲劳性和断裂韧性提高近 1 倍,热导系数比常规 Al_2O_3,基板材料提高 20%。将纳米 Al_2O_3 粉末添加到 85瓷、95 瓷中发现强度和韧性均提高 50%以上。

光学应用

纳米微粒由于小尺寸效应，使其具有常规大块材料不具备的光学特性，如光学非线性、光吸收、光反射、光传输过程中的能量损耗等都与纳米微粒的尺寸有很强的依赖关系。利用纳米微粒特殊的光学特性制备出的各种光学材料将在日常生活和高技术领域得到广泛的应用。

光学纤维

光纤在现代通讯和光传输上占有极重要的地位，纳米微粒作为光纤材料已显示出优越性，如用经热处理后的纳米 SiO_2 光纤对波长大于 600 纳米的光的传输损耗小于 10dB/km，这个指标是很先进的。

红外反射材料

纳米微粒用于红外反射材料，主要是制成薄膜和多层膜来使用。主要的红外反射膜材料有：Au、Ag、Cu 等金属薄膜，SnO_2、In_2O_3、ITO(In_2O_3～10%SnO_2) 等透明导电薄膜，TiO_2–SiO_2，ZnS–MgF_2 等多层干涉薄膜及 TiO_2–AS–TiO_2，等含金属的多层干涉薄膜。成膜方法主要有真空蒸镀法、溅射法、喷雾法、CVD 法、浸渍法。纳米微粒的膜材料在灯泡工业上有很好的应用前景。高压钠灯以及各种用于摄影的碘弧灯都要求强照明，但灯丝被加热后有 69% 的电能转化为红外线，这表明有相当高的电能转化为热能而被消耗掉，仅有少部分电能转化为光能来照明。同时，灯管过度发热也影响灯具寿命。如何提高发光效率，增加照明度一直是亟待

解决的关键问题,纳米微粒为解决此问题提供了一条新的途径。20世纪90年代以来,人们用纳米 SiO_2 和纳米 TiO_2 制成了多层干涉膜,总厚度为微米级,衬在灯泡罩的内壁,结果不但透光率好(波长500~800纳米),不影响照明,而且有很强的红外反射能力(波长1250~1800纳米),节约电能。估计这种灯泡亮度与传统的卤素灯相同时,可节电约15%。

红外吸收和紫外线吸收材料

红外吸收材料在日常生活和国防上都有重要的应用前景。一些发达国家已经开始用具有红外吸收功能的纤维制成军服。这种纤维对人体释放出来的红外线(波长一般在4~161微米的中红外频段)有很好的屏蔽作用,从而可避免被敌方非常灵敏的红外探测器所发现,尤其是在夜间行军时。具有这种红外吸收功能的纳米粉末有纳米 Al_2O_3、纳米 TiO_2、纳米 SiO_2、纳米 Fe_2O_3 及其复合粉末。这种添加有上述纳米粉末的纤维,由于对人体红外线有强的吸收作用,可以起到保暖作用,减轻衣服重量可达30%。

此外,纳米微粒的量子尺寸效应使它对某种波长的光吸收带有蓝移现象,对各种波长光的吸收带有宽化现象,紫外吸收材料就是利用这两个特性而研制成功的。具有紫外吸收功能的纳米粉末 Al_2O_3、纳米 TiO_2、纳米 SiO_2、纳米 ZnO、纳米云母等。其中,纳米 Al_2O_3,对波长250纳米以下的紫外光有很强的吸收能力,这一特性可用于提高日光灯管的使用寿命上。我们知道,日光灯管是利用水银的紫外谱线来激发灯管壁的荧光粉导致高亮度照明。一般来说,185纳米的短波紫外线对灯管寿命有影响,而且紫外线从灯管内往外泄漏对人体也有损害,这一关键问题一直是困扰日光灯管工业的主要问题。如果把纳米 Al_2O_3 粉末掺入到

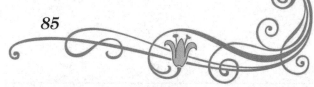

稀土荧光粉中，可以利用纳米微粒的紫外吸收蓝移现象来吸收掉这种有害的紫外光，却不降低荧光粉的发光效率。30~40纳米的纳米TiO_2对波长400纳米以下的紫外光有极强的吸收能力。我们知道，紫外线主要位于300~400纳米波段，太阳光对人体有伤害的紫外线也在此波段。防晒油和化妆品中添加的纳米微粒，就是要选择对这个波段的紫外线有强吸收能力的纳米粉末。纳米粉末的粒度不能太小，否则将会堵塞汗孔，不利于身体健康，但粒度也不能太大，否则紫外线吸收又会偏离这个段，达不到应有的吸收效果。为此，一般先将纳米微粒表面包覆一层对人体无毒害的高聚物，然后再加入到防晒油和化妆品中。纳米Fe_2O_3对600纳米以下的紫外光有良好的吸收能力，可用作半导体器件的紫外线过滤器。塑料，橡胶制品和涂料在紫外线照射下很容易老化变脆，如果在它们表面涂上一层含有上述纳米微粒的透明涂层，或在其中掺入上述纳米微粒，就可以防止塑料和橡胶老化，防止油漆脱落。

隐身材料

隐身就是隐蔽的意思，把自己外表伪装起来，让别人看不见。近年来随着科学技术的发展，各种探测手段越来越先进。例如用雷达发射电磁波可以探测飞机，利用红外探测器可以发现放射红外线的物体。在现代化战争中，隐身技术发展迅速，隐身材料在其中占有重要地位。在1991年的海湾战争中，美国战斗机F117A型机身表面包覆了红外材料和微波隐身材料，它具有优异的宽频带微波吸收能力，可以逃避雷达的监视，而伊拉克的军事目标和坦克等武器没有防御红外线探测的隐身材料，很容易被美国战斗机上灵敏的红外线探测器所发现，并被美国的激光制导武器准确地击中。纳米Al_2O_3、纳米Fe_2O_3、纳米SiO_2、纳米TiO_2的复合粉末曾用于隐身材料,与高分子纤维结合对红外波段有很强的吸收性能,因此对这个波段的红外探测器有很好的屏蔽作用。纳米磁性微粒特别是类似铁氧体的纳米磁性材料,既有良好的吸收和耗散红外线的性能,又具有优良的吸波特性,还可以与驾驶舱内的信号控制装置相配合,改变雷达波的反射信号,使其波形发生畸变,从而有效地干扰、迷惑雷达操纵员,达到隐身目的。纳米级硼化物、碳化物,也将在隐身材料方面大有作为。

 ## 磁性材料

磁流体

磁流体是使强磁性纳米微粒外包覆一层长链的表面活性利,并稳定地分散在基液中形成的胶体。它兼具固体的强磁性和液体的流动性(在磁场作用下)。目前大多数是以 10 纳米纳米 Fe_3O_2 微粒为磁性粒子,并将纳米粒子分散在含有油酸的水中,使油酸吸附在粒子表面上,再经脱水后分散在基液中。磁流体目前主要应用于旋转轴的防尘动态密封,如计算机硬盘轴处的防尘密封,单晶炉转轴处的真空密封,X 光机转靶部分的密封等。此外,磁流体还是一种新型的润滑剂,由于磁性粒子只有 10 纳米左右大小,不会损伤轴承,基液也可采用普通润滑油,只要采用合适的磁场,就可以将磁性润滑剂约束在所需部位。日本将磁流体用于陶瓷轴承的抛光过程中,功效提高了近 100 倍。最近他们又在试验利用磁流体在几十度温差下的对流制成发电装置。磁流体还用于增加扬声器的输出功率。通常扬声器中音圈的散热是靠空气传热的,对一定的音圈而言只能承受一定的功率,否则过大的功率会烧坏音圈。如果在音圈与磁铁间隙处滴入磁流体,由于液体的导热系数比空气高 5~6 倍,从而使得在相同结构的情况下,扬声器的输出功率增加1倍。日本三洋电机公司已经推出了采用这种技术的大功率扬声器。磁流体还用作阻尼器件,消除电机在工作过程中的振荡现象。利用磁流体对不同比重的物体进行比重分离,在选矿和化学分离领域中有广阔的应用前景。只需控制合适的外加磁场强度,就可以使低于某密度值的物体上浮,使高于此密度值的物体下沉,从而达到分离目的。例如,利用磁流体使高密度的金与低密度的砂石分离,利用磁流体使城市废料中金属与非金属的分离。据报道,2000年日本的磁流体产值将达到1.7亿美元。北京钢铁研究总院也开发了纳米FeN等磁流体产品。

磁记录材料

21世纪的信息技术发展需要高性能化和高密度化的磁记录材料。例如,每1平方厘米面积上需记录1000万条以上的信息,这相当于在几个平方微米的记录范围内,要求至少具有300个记录单元。以纳米微粒制成的磁记录材料为这种高记录密度的实现提供了有利条件。由于纳米磁性微粒尺寸小,具有单磁畴结构和很高的矫顽力,用其制作磁记录材料,可以提高信噪比,改善图像质量。纳米磁性微粒除了上述应用之外,还可作光快门、光调节器、抗癌药物磁性载体、激光磁艾滋病毒检测仪、细胞磁分离介质材料、复印机墨粉材料、磁墨水、磁印刷等。而作为磁记录的纳米粒子,要求为单磁畴针微粒(100~300纳米长,10~20纳米宽),体积尽量小,但粒径不得小于变超顺磁性的临界尺寸(约10nm)。一般选用r-Fe_2O_3、9.6% Co包覆的Y-Fe_2O_3、CrO_2、Fe及Ba铁氧体等针状磁性粒子。

纳米微晶软磁材料

Fe-Si-B 是一类重要的非晶态软磁材料,在其中加入 Cu、Nb,有利于铁微晶的成核和细化晶粒,从而获得纳米微晶软磁材料。组成为 $Fe_{37.5}Cu_1Nb_3Si_{13.5}B_9$ 的纳米微晶软磁材料,其磁导率高达 10^5。将它用于 30kHz、2kW 的开关电源变压器,重量仅 300 克,效率高达 96%。目前,纳米微晶软磁材料沿着高频、多功能方向发展,其应用领域将遍及软磁材料的应用各个方面,如功率变压器、脉冲变压器、高频变压器、振流圈、可饱和电抗器、互感器、磁屏蔽、磁头、磁开关、传感器等,它将成为铁氧体的有力竞争者。近年来,磁性薄膜器件如电感器、高密度读出磁头等也有了显著进展。据报道,北京钢铁研究总院可年产 1000 吨纳米微晶软磁材料。

纳米微晶稀土永磁材料

稀土永磁材料的问世使永磁材料的性能突飞猛进。稀土永磁材料先后经历了 $SmCo_5$、Sm_2Co_{17}、$Nd_2Fe_{14}B$ 等 3 个发展阶段。目前,烧结 $Nd_2Fe_{14}B$ 稀土永磁材料的磁能积已高达 $432kJ/m^3(54MGOe)$,接近理论值 $512kJ/m^3(64MGOe)$,并已进入规模生产。2000 年日本又不可思议地研制出磁能积为 $558.4kJ/m^3(86.88MGOe)$ 的纳米晶 Nd_2Fe_14B 材料,超过了最大磁能积的理论值,其产品于 2001 年投放市场。1998 年全世界 NdFeB 产量达到 10090 吨,其中我国为 4100 吨。1999 年,我国的 NdFeB 产量上升至 5300 吨。美国 GM 公司快淬 NdFeB 磁粉的年产量已达到 4500 吨,目前,NdFeB 产值年增长率为 18%~20%,占永磁材料产值的 40%。但是，NdFeB 永磁铁的主要缺点是：居里温度偏低，T_c=230℃，最高工作温度为 177℃，化学稳定性较差，易被腐蚀和氧化，价格也较铁氧体高。解决这些问题的方法有两个：一是探索新型稀土永磁材料，如 $ThMn_{12}$ 型化合物。Sm_2Fe_{17}、Nx、$Sm_2Fe_{17}C$ 化合物等；二是研制纳米复合稀土永磁材料，即将软磁相与永磁相在纳米尺度上进行复合，以获得兼具软磁材料的高饱和磁化强度和永磁材料的高矫顽力的新型磁材料。纳米复合稀土永磁材料成为当今磁性材料的一个研究热点。

纳米巨磁阻抗材料

1988 年，法国巴黎大学有人在 Fe/Cr 多层膜中发现了巨磁电阻效应。1992 年，日本发现纳米颗粒膜的巨磁电阻效应，更加引起了人们的密切关注。我们知道，均匀金属导体横截面上的电流密度分布是均匀的。但在交流电流中，随着频率的增加，在金属导体截面上的电流分布越来越向导体表面集中，这种现象叫作集肤效应。集肤效应使导体的有效截面积减小了，因此导体的有效电阻或阻抗就增大。集肤效应越强，电阻就越大。这种在高频电流下，电阻随磁场的变化而显著变化的现象称为巨磁电阻效应。巨磁电阻效应材料可用作磁头和精密磁传感器，其应用前景非常广阔。1994 年美国 IBM 公司研制成功巨磁电阻效应的读出磁头、磁电子器件等产品，产生了巨额利润。目前仅巨磁电阻效应高密度读出磁头的市场就达 10 亿美元。而磁存储器的预计市场将达 1000 亿美元。又据报道，美国布朗大学最近在 4K 温度、几个特斯拉的磁场下，$\triangle R/R$ 上升到 50%。

目前，这一领域研究追求的是提高工作温度、降低磁场。如果在室温和零点几个特斯拉的磁场下，颗粒膜巨磁电阻达到 10%，那么就接近

适用的使用目标了。

 ## 生物和医学应用

纳米微粒的尺寸一般比生物体内的病毒(小于 100 纳米)、细胞、红血球(200~300 纳米)小得多,这就为生物学研究提供了一个新的研究途径,即利用纳米微粒进行细胞分离、细胞染色,以及利用纳米微粒制成智能药物或新型抗体进行局部定向治疗等。目前纳米材料与生物和医学上的应用研究还处于初级阶段,但一定会有广阔的应用前景。

细胞分离

生物细胞分离是生物细胞学中一项十分重要的技术,它关系到研究需要的细胞标本能尽量快速获得。20 世纪 80 年代初,人们开始利用纳米 SiO_2 粉末;再将其表面包覆单分子层而形成 30 纳米左右大小的复合体 (包覆层一般选择与所要分离细胞有亲和力作用的物质作为附着层); 然后制取含有多种细胞的聚乙烯吡啶烷酮胶体溶液;最后将纳米 SiO_2 包覆粒子均匀分散到含有多种细胞的聚乙烯吡啶烷酮胶体溶液中,通过离心技术,利用密度梯度原理分离出需要的细胞。这种细胞分离技术在医疗临床诊断上有广阔的应用前景。例如,在妇女怀孕 8 个星期左右,其血液中就开始出现非常少量的胎儿细胞,为了判断胎儿是否有遗传缺陷,过去常常采用价格昂贵并对人体有害的羊水诊断等技术。而纳米微粒很容易将血样中极少量的胎儿细胞分离出来,方法简便,价钱便宜,并能准确地判断出胎儿细胞是否有遗传缺陷。这种先进技术已在美国等发达国家获得临床应用。又如,癌症的早期诊断一直是医学界亟待解决的难题。美国科学家利贝蒂指出，利用纳米微粒(如 50 纳米的 Fe_3O_4 微粒) 进行细胞分离技术很可能在肿瘤早期的血液中检查出癌细胞，从而实现癌症的早期诊断和治疗。同时，他们还在研究利用细胞分离技术检查血液中的心肌蛋白，以帮助治疗心脏病。

细胞内部染色

细胞内部染色对用光学显微镜和电子显微镜研究细胞内各种组织是十分重要的一项技术，它在研究细胞生物学中起到极为重要的作用。未加染色的细胞由于衬度很低，很难用光学显微镜和电子显微镜进行观察，细胞内的器官和骨骼体系很难观察和分辨。为此需要寻找新的染色方法，以提高观察细胞内组织的分辨率。纳米微粒的出现，为建立新染色技术提供了新的途径。最近比利时的 De Mey 等人用乙醚的黄磷饱和溶液、抗坏血酸或柠檬酸钠把 Au 从氯化金酸($HAuCl_4$)水溶液中还原出来形成 3~40 纳米的纳米 Au 微粒。然后制备多种纳米 Au 粒子和不同抗体的复合体。不同的抗体对细胞内各种器官和骨骼组织的敏感程度，就相当于给各种组织贴上了标签，由于不同的复合体在显微镜下衬度差别很大，这就很容易分辨各种组织。此外，采用纳米 Au 微粒制成的 Au 溶胶，接上抗体就能进行免疫学的间接凝集试验可用于快速诊断。例如，将 Au 溶胶妊娠试剂加入到孕妇尿中，未妊娠呈无色，妊娠则呈显著的红色，判断结果清晰可靠。仅用 0.5 克金即可制备 10000 毫升金溶胶，可测 10000 人次。

表面包覆的纳米磁性微粒在药物上的应用

10~50 纳米的纳米 Fe_3O_4 磁性微粒表面涂覆高分子 (如聚甲基丙烯

酸)后,尺寸达到约200纳米,再与蛋白相结合可以注入生物体中。动物临床实验表明,这种载有高分子和蛋白的纳米磁性微粒作为药物载体,然后静脉注射到动物(如小鼠白兔等)体内,在外加磁场下通过纳米 Fe_3O_4 微粒的磁性导航,使药物移向病变部位,达到定向治疗的目的。这种局部治疗效果好,正常组织细胞未受到伤害,副作用少,很可能成为未来癌症的治疗方向。值得注意的是,纯金属 Ni、Co 纳米磁性微粒由于有致癌作用,不宜使用。另外,如何避免包覆高分子层在生物体中发生分解是影响这项技术在人体应用的一个重要问题。

 # 催化应用

纳米微粒由于尺寸小,表面所占的体积分数大,表面的键态和电子态均与颗粒内部不同,表面原子配位不全等导致表面活性增加,这就使它具备了作为催化剂的基本条件。最近关于纳米微粒表面形态的研究指出,随着粒径减小,表面光滑程度变差,形成了凹凸不平的原子台阶,这就增加了化学反应接触面。利用纳米微粒的高比表面积和高活性这些特性,可以显著提高催化效率,因而纳米微粒在催化方面的应用前途方兴未艾。例如,30纳米的纳米 Ni 粉可将有机化学加氢和脱氢反应速度提高15倍。以粒径小于0.3微米的 Ni 和 Cu-Zn 合金超细粉末为主要成分制成的催化剂,可以使有机物氢化反应效率达到传统 Ni 催化剂的10倍。超细 Pe、Ni、r-Fe_2O_3 混合轻烧结体可以代替贵金属 Pt 粉和 WC 粉而作为汽车尾气净化剂。但是,纳米金属微粒作催化剂有一个使用寿命问题,因为在反应过程随着温度升高,微粒会发生长大,从而降低催化效率。另外,纳米金属微粒可作为助燃剂掺入燃料中使用,如纳米 As 和 Ni 粉已被用于火箭燃料中,还可以作为引爆剂掺入炸药中,提高爆炸效率。

半导体光催化效应自发现以来，一直引起人们的重视。所谓半导体光催化效应是指在光的照射下，价带电子跃迁到导带，价带的孔穴把周围环境中的羟基电子夺过来，羟基变成自由基，作为强氧化剂酯类变化如下：酯→醇→醛→酸→CO_2，从而完成了对有机物的降解。对太阳光敏感的、具有光催化物性的半导体能隙一般为 1.9~3.1eV。常用的光催化半导体纳米粒子有 TiO_2 (锐钛矿)、Fe_2O_3、CdS、ZnS、PbS、PbSe、$ZnFe_2O_4$ 等。半导体的光催化效应在环保、水质处理、有机物降解、失效农药降解等方面有着重要应用。例如，美国和日本将上述材料制成空心球，浮在含有有机物的废水表面上或被石油泄漏所污染的海水表面上，利用阳光进行有机物或石油的降解。在汽车挡风玻璃和后视镜表面涂覆一层纳米 TiO_2 薄膜，可以起到防污和防雾作用。还可以将纳米 TiO_2 等粉末添加到陶瓷釉料中，使其具有保洁杀菌功能，也可以添加到人造纤维中制成杀菌纤维。锐钛矿相纳米 TiO_2 微粒表面用 Cu^+、As^+离子修饰，杀菌效果比单一的纳米 TiO_2 或 Cu^+Ag^+更好，在电冰箱、空调、医疗器械、医院手术室的装修等方面有着广泛的应用前景。一般常用的杀菌剂 Az^+、Cu^+等杀死细菌后，由于释放出致热和有毒的组分如青霉素，因而可能引起伤寒和霍乱。而利用 TiO_2 光催化降解细菌，转化为 CO_2、H_2O 和有机酸，不存在这个问题。利用纳米 TiO_2 光催化效应可以从甲醇水合溶液中提取 H_2O 利用 Pt 化的纳米 TiO_2 微粒可以使丙炔与水蒸气反应，生成可烧性的甲烷、乙烷和丙烷。Pt 化的纳米 TiO_2 微粒通过光催化使醋酸分解成甲烷和 TiO_2。为了提高光催化效率，人们还试图将纳米 TiO_2 组装到多孔固体中增加比表面，或者将铁酸锌与纳米 TiO_2 复合提高太阳光利用率。利用多孔有序阵列 Al_2O_3 模板，在其纳米柱形孔洞的微腔内合成锐钛矿型纳米 TiO_2 丝阵列，再将此复合体黏到环氧树脂衬底上，将模板去掉后，就在环氧树脂衬底上形成了纳米 TiO_2 丝阵列。由于纳米丝比表面积大，

比同样平面面积的 TiO_2 膜的接受光的能力增加几百倍，最大的光催化效率可以提高 300 多倍,对双酚、水杨酸和带苯环一类的有机物光降解十分有效。

其他方面应用

　　纳米材料在其他方面也有广阔的应用前景。纳米微粒是制造传感器最有前途的材料。这种材料由于表面积大,对外界环境如温度、光、湿度、气体等十分敏感,外界环境的改变能迅速引起表面离子价态和电子输运的变化,因此响应速度快,灵敏度高。例如,利用纳米 NiO、FeO、Co-Al_2O_3 和 SiC 的载体温度效应引起的电阻变化,可制成温度传感器。利用纳米 SNO_2 制成的传感器,可用于可燃性气体泄漏报警器和湿度传感器,并且已经实用化。将纳米 Au 微粒沉积在基板上形成的薄膜可用作红外传感器,这种薄膜对可见光到红外光整个范围的光吸收率很高,当薄膜厚度达到 500ug/cm^2 以上时, 光吸收率高达

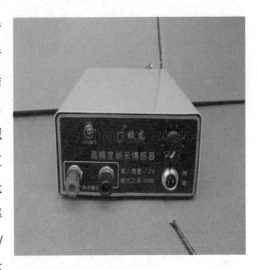

95%。大量红外线被金膜吸收后转变成热,由膜与冷接点之间的温差可测出其温差热电势,据此就可以制成辐射热测量仪。

　　随着高技术的发展,要求晶体表面有更高的光洁度,这就要求抛光剂中的无机粒子越来越细,粒度分布越来越窄,纳米微粒为实现这一目

标提供了基础。美国,英国等国家已制备出纳米抛光液,并有商品出售,如纳米 Al_2O_3 纳米 Cr_2O_3 纳米 SiO_2 纳米金刚石等,用于高级光学玻璃、石英晶体及各种宝石的精抛光。纳米抛光液的发展前景方兴未艾。

导电浆料是电子工业的重要原料,导电涂料和导电胶的应用非常广泛。德国用纳米 Ag 代替微米 Ag 制成了导电浆料,可节省 Ag 粉 50%。用这种导电胶焊接金属和陶瓷,涂层不需太厚,节省 Ag 粉用量,而且涂层表面平整,烧结温度降低,备受使用者的欢迎。近年来,人们已开始尝试用纳米微粒制成导电糊、绝缘糊和介电糊,在微电子工业上正在发挥作用。

纳米静电屏蔽材料用于家用电器和其他电器的静电屏蔽也具有良好的作用。如果不能进行静电屏蔽,电器的信号就会受到外部静电的严重干扰。例如,人体接近屏蔽效果不好的电视机时,人体的静电就会对电视图像产生严重的干扰。一般的电器外壳都是由树脂加炭黑的涂料喷涂而形成一个光滑表面。由于炭黑有导电作用,因而表面涂层就有静电屏蔽作用。日本松下公司已研制成功具有良好静电屏蔽的纳米涂料,如纳米 Fe_2O_3、纳米 TiO_2、纳米 Cr_2O_3、纳米 ZnO 等。这些具有半导体特性的纳米氧化物微粒在室温下具有比常规氧化物高的导电特性,因而能起到静电屏蔽作用。并且这些纳米氧化物微粒还具有不同的颜色,从而使电器表面五彩缤纷。化纤衣服和化纤地毯由于静电效应,在黑暗中摩擦产生的放电效应经常可以观察到,并且容易吸附灰尘,给使用者带来很多不便。在化纤制品中加入少量纳米金属(如 Ag)微粒,就会使静电效应大大降低,并且还有除臭杀菌功能,德国和日本都已经生产了相应的产品。

纳米微粒也可用作印刷油墨。1994 年,美国马萨诸塞州 XMX 公司发明了一个生产印刷油墨的专利,不是依靠化学颜料,而是选择适当体积的纳米微粒来得到各种颜色。

纳米磁性材料

　　磁性是物质的基本属性,磁性材料是一种用途广泛的功能材料。

　　其实好多动物就是利用纳米磁性粒子来导航的, 比如大海龟经常进行几万公里的长途跋涉。美国科学家对东海岸佛罗里达的海龟进行了长期的研究。他们发现了一个十分有趣的现象:这就是海龟通常在佛罗里达的海边上产卵,幼小的海龟为了寻找食物通常要到大西洋的另一侧靠近英国的小岛附近的海域生活。从佛罗里达到那个岛屿再回到佛罗里达来回的路线还不一样,相当于绕大西洋一圈,需要 5~6 年的时间。这样准确无误地航行靠什么导航?为什么海龟迁移的路线总是顺时针的?最近美国科学家发现海龟的头部有磁性的纳米微粒,它们就是凭借这种纳米微粒准确无误地完成几万公里的跋涉。

　　蜜蜂的体内也存在磁性纳米粒子,这种磁性纳米粒子具有"罗盘"的作用,可以为蜜蜂的活动导航。以前人们认为蜜蜂是利用北极星或通过摇摆向同伴传递信息来辨别方向的。最近一些科学家发现蜜蜂的腹部存在磁性纳米粒子, 这种磁性颗粒具有指南针功能。蜜蜂利用这种"罗盘"来确定其周围环境在自己头脑里的图像而判明方向。当蜜蜂靠近自己的蜂房时,它们就把周围环境的图像储存起来,当它们外出采蜜归来时,就启动这种记忆。实质上就是把自己储存的图像与所看到的图像进行对比和移动,直到这两个图像完全一致时,它们就明白自己又回到家了。这些例子说明研究纳米微粒,对研究自然界的生物也是十分重

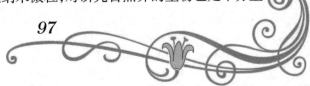

要的,同时还可以根据生物体内的纳米粒子得到启发,为我们设计纳米尺度的新型导航器提供有益的依据。

纳米磁性材料是 20 世纪 70 年代后逐步发展起来的一种最富有生命力与广阔应用前景的新型磁性材料。美国政府 2000 年开始大幅度追加纳米科技研究经费,其原因之一是磁电子器件巨大的市场与高科技所带来的高额利润。2002 年西班牙巴塞罗纳的科学家发明了一种新型的纳米磁性材料,用它制造的变压器具有超高的效率,能量损耗比传统的变压器小得多。为了提高磁记录密度,磁记录介质中的磁性颗粒尺寸已由微米、亚微米向纳米尺度过渡。具有高存储量的新型磁性纳米材料制作的存储器将于不久后投放市场,整个磁存储器的市场需求约为1000 亿美元。纳米磁电子传感器件的市场也十分庞大。

纳米结构组织

　　组织工程是运用工程科学与生命科学的基本原理和方法，研究与开发生体替代物来恢复、维持和改进组织功能。其基本思路是首先在体外分离、培养细胞，然后将一定量的细胞种植到具有一定形状的三维生物材料支架上，并加以持续培养，最终形成具有一定结构的组织和器官。组织工程支架材料主要是可作为组织再生模板的可降解高分子材料。在组织工程中用的基质材料必须具有以下性能：良好的生物相容；细胞能在材料表面良好吸附和增殖；材料能够诱导细胞按预制形态生长；在新组织长成后，材料能够在体内降解成对人体无毒的小分子，并通过代谢排出体外。

　　传统相容性的概念是指材料应为"惰性"的，不会引发宿主强烈的免疫排斥反应。随着对材料-生物体相互作用机理研究的深入，这一概念已发展到材料是具有生物活性的，可诱导宿主的有利反应，比如可以诱导宿主组织的再生等。

　　体外构建工程组织或器官，需要应用外源的三维支架。这种聚合物支架的作用除了在新生组织完全成型之前提供足够的机械强度外，还包括提供三维支架，使不同类型的细胞可以保持正确的接触方式，以及提供特殊的生长和分化信号使细胞能表达正确的基因和进行分化，从而形成具有特定功能的新生组织，并且参与工程组织与受体组织的整合过程。

纳米结构生物材料特别是纳米结构组织工程支架材料是伴随组织工程的发展而产生的。近年来对组织工程中生物材料与细胞间的相互作用研究发现,材料的微观结构对细胞在生物材料表面的黏附、生长及定向分化都有很重要的影响。这种材料本身可能不是由纳米粒子构成的,但由于其表面具有纳米结构的特征,因而也具有一些特殊的性质,如具有特殊识别性、功能诱导性等。这种纳米结构生物材料可以是无机的, 也可是有机的, 在组织工程中有较广泛前景的是可降解的生物材料。而制备纳米结构生物材料的方法主要有模板法、分子自组装、光刻法以及等离子表面处理等技术。

　　研究表明聚合物支架在三个尺度范围可以控制组织的生长发育过程如下:大尺度范围(mm~cm)决定工程组织总的形状和大小;支架孔隙的形态结构和大小(μm)调节细胞的迁移与生长;用于制造支架的材料的表面物理和化学性质(nm)调节与其相接触的细胞的黏附、铺展与基因表达过程。

　　聚合物支架表面的空间拓扑结构, 尤其是表面的织态结构如材料表面的粗糙程度、孔洞的大小及分布等都对细胞形态、黏附、铺展、定向生长及生物活性有很重要的影响。目前已发现上皮细胞、成纤维细胞、神经轴突、成骨细胞等的黏附和生长明显受材料表面结构、形态影响,此现象被称之为接触诱导效应。不同的粗糙程度及不同的表层微观形貌结构如凹槽型、山脊型、孔洞型等对细胞的黏附、定向生长、迁移都有直接不同的影响。

　　利用血细胞形态和生长模式的超微评估方法, 发现与光滑表面相比,上皮细胞和成纤维细胞更易附着于微粗糙表面(即表面的起伏在10纳米~50微米范围以内),而且在该表面生长更快,表现出更密集的细胞生长现象,说明微粗糙表面能增强细胞的黏附。同时对表层微观形貌结

构对细胞的极化和定向生长的影响研究发现，表面规则凹槽形的深度和宽度都对细胞生长有影响，但相比较而言，凹槽深度对细胞的定向生长的影响要大于凹槽宽度的影响；通常随着凹槽深度加深，它对细胞的定向生长的影响也变大，但随着凹槽宽度加宽，其对细胞的定向生长的影响却变小；同时凹槽间的间隔对细胞的定向生长也有影响，随着凹槽间隔的变大，其对细胞的定向生长的作用逐渐消失；当表面同时存在大小不同的凹槽时，细胞更倾向于在较大凹槽内生长。同时研究还发现，不同的细胞类型对凹槽深度的响应是不同的，如 P388D1 巨噬细胞的响应尺度至少不大于 44 纳米，上皮细胞、内皮细胞、成纤细胞等的响应尺度至少不大于 70 纳米。当凹槽的宽度明显大于细胞尺寸时，细胞的定向响应不明显，而当凹槽的宽度比细胞尺寸小或相当时，细胞的定向响应就很明显了。对于表面具有孔洞型结构研究发现，当孔径较小时(如2~5 微米)细胞在其表面的生长速率要比孔径大时(如 10 微米)大得多，且孔洞尺寸与材料憎水性对组织反应影响程度相比，孔洞尺寸更为重要。如 Richter 等人在石英材料表面蚀刻不同尺寸的孔洞，发现鼠成纤细胞 L929 在比细胞尺寸小的孔洞(5 微米)表面上的生长状况良好，细胞能将孔完全覆盖；细胞能将伪足伸入与细胞尺寸大小相似的孔洞(10 微米)内，铺展主要发生在孔与孔之间的平面上；而超过细胞尺寸的孔洞(20微米)，细胞已不能将孔完全覆盖，有一些细胞落在孔内，保持圆形，不发生铺展。与光滑表面相比，多孔结构能显著增加成纤细胞、软骨细胞的生长速率。对于纤维状材料研究发现，纤维表面曲率的大小对细胞的定向生长也是有影响的，细胞因能识别小尺寸纤维的表面曲率而被激活，产生明显的排列取向。一般认为细胞能识别的纤维直径上限为 20 微米。

以前生物材料常常是从材料角度出发而进行设计的，而不是从生

物角度来考虑宿主如何使植入材料整合、使组织重建,所以被机体视为异物而排斥。为适应生物相容性特别是组织工程的要求,科学家们提出了从仿生角度的构思制备具有不同层次结构的仿生细胞外基质以作为支架材料。

基于超分子化学原理设计开发的超分子材料目前作为一种研究中的先进材料正在受到人们的密切关注,这主要归因于超分子化学已形成为一门学科并获得发展,为超分子材料的开发研究奠定了理论基础,尤其值得提及的是 Lehn、Pedersen 和 Cram 曾因在超分子化学方面的贡献而荣获 1987 年度诺贝尔化学奖;另外与传统材料相比,超分子材料具有许多新的物性,展示了诱人的研究开发前景。

超分子(super molecular)这一术语最早是 1937 年由 Wolf 提出来的,它是用来描述由配合物所形成的高度组织的实体。从普遍意义上讲,任何分子的集合都存在相互作用,所以人们常常将物质聚集态这一结构层次称为"超分子",但这与超分子化学中的超分子存在区别。以超分子化学为基础的超分子材料,是一种正处于开发阶段的现代新型材料,它一般指利用分子间非共价键的键合作用(如氢键相互作用、电子供体受体相互作用、离子相互作用等)而制备的材料。决定超分子材料性质的,不仅是组成它的分子,更大程度上取决于这些分子所经过的组装过程,因为材料的性质和功能寓于其组装过程中,所以,超分子组装技术是超分子材料研究的重要内容。

通过超分子组装来设计开发新型材料,从 20 世纪 80 年代以来已引起人们极大的关注。例如,采用超分子组装技术可获得所希望的生物材料,或对材料进行进一步的表面改性。科学家们探讨了将牛、猪等动物的心包软组织作为超分子材料来开发利用,研究表明,牛心包软组织中胶原分子具有三螺旋结构,而这种具有超分子体系的软组织材料经

过改性可成功用于人工心脏瓣膜的制作等方面。

超分子纳米材料是超分子材料的重要发展方向之一。目前纳米材料研究中重视的人工纳米结构组装体系，适用于设计开发超分子纳米材料。研究表明采用模板合成法可制得窄粒径分布、粒径可控、易掺杂和反应易控制的超分子微粒。另外通过分子识别和自组装，对分子间相互作用加以利用和操控，在更广泛的空间创造新的材料，这也正是目前超分子材料开发研究所追寻的目标。

现有研究发现生物体中的超分子现象有：在蛋白质的各级结构中，除了一级结构之外，二、三、四级结构中均存在超分子体系；DNA 的二级结构(双螺旋结构)是一个超分子体系，并且与生物活性密切相关；RNA的二级结构也存在超分子体系；生物膜的结构中具有脂质双亲性螺旋结构，这就是一个天然的溶致液晶结构。

许多学者对生物膜的结构提出了若干模型，如有单价膜模型、流动脂质—蛋白质镶嵌模型和晶格镶嵌模型等，这些模型都体现出生物膜的超分子溶致液晶特性。最近的研究表明，超分子膜模型既涵盖了其他模型都涉及的生物膜的超分子液晶特性，又突出了分子识别和自组装等过程对生物膜的性质及功能可能产生的影响。

超分子生物材料就是利用上述生物体的超分子效应，一方面开发利用天然的具有超分子体系的蛋白质材料、核酸材料和生物膜材料等；另一方面是设计开发人工生物膜等新材料。其中，人工生物膜已取得惊人的成果，现已广泛地应用于海水淡化和军事等领域。

天然生物材料的优点是其所含的信息(如特定氨基酸序列)利于细胞附着，或保持分化功能，其缺点是许多天然材料每批不同或批量大小有差异。合成聚合物则能精确控制分子量、降解时间、疏水性等，但它们与细胞的相互作用不够理想。把天然聚合物与合成聚合物组装，可将天

然聚合物与合成聚合物的优点集成。目前在生物表面制备自组装膜以改进细胞亲和性的研究已普遍受到关注。

组装膜是分子通过化学键相互作用自发吸附在固–液或气–固界面,形成热力学稳定和能量最低的有序膜。吸附分子存在时,局部已形成的无序单层可以自我再生生成更完善的有序体系。SAMs 的主要特征有:原位自发形成、热力学稳定;无论基底形状如何,均可形成均匀一致的、分子排列有序的、高密堆积和低缺陷的覆盖层。现在已发展了多种SAMs,如有机硅烷在羟基化表面,硫醇、二硫化物和硫化物在金、银、铜表面等。

细胞外基质为复杂的蛋白质和糖胺聚糖形成的物理与化学交联网络,此基质使细胞在空间组构,且为其提供环境信号,介导位点专一细胞黏连,并形成一组织与另一组织的间隔。通过在生物材料表面引入化学信使,使其和细胞膜表面相应受体组装形成配合物,可以实现分子识别而用于组织工程。如以 RGD 肽引入聚合物表面可使其诱发所期望的细胞响应。另外,可进一步对生物材料实施表面工程化,如以适宜的自组装单层可调控表面化学结构。

例如聚羟基丁酸酯(PHB)是微生物在不平衡生长条件下储存于细胞内的一种天然高分子聚合物,广泛存在于自然界许多原核生物中。它具有很多优良的性质如:生物可降解性、生物相容性、压电性、光学活性、无毒性、无刺激性、无免疫原性等特殊性质。由于 PHB 是在细胞内合成的,其本身具有一些有利于细胞附着和分化的细胞信息,是用来做仿生细胞外基质的理想材料。PHB 作为组织工程材料已在软骨、骨、皮肤、心脏瓣膜、血管、神经等组织工程方面得到应用。但由于 PHB 本身亲水性较差,应用中通常需要对其表面进行修饰,这不仅能提高 PHB 材料的亲水性,同时通过表面修饰的手段如自组装技术和模板技术,以得到表面

具有纳米结构的支架材料。在我们研究用聚乙二醇(PEG)来改性聚羟基丁酸酯膜时，也发现有部分聚乙二醇分子能在聚羟基丁酸酯膜上以氢键等方式配合组装，达到了用合成聚合物聚乙二醇改善聚羟基丁酸酯亲水性的目的，同时发现细胞可在其上很好的增殖，这种改性后的 PHB 材料可望用于软骨、皮肤等组织工程。

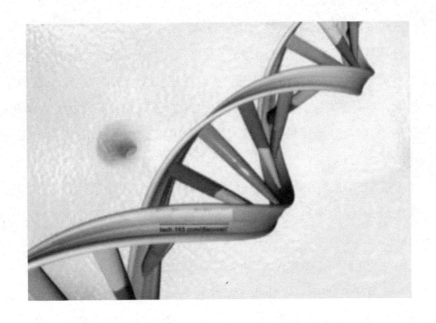

不老化的塑料

纳米塑料也可以称为工程塑料，是一种高强度、不老化的新型塑料。它的硬度可以比钢还强，密度却只有钢的1/4。

纳米塑料是21世纪最理想的工程材料，它的功能和结构十分适合工程需要。这种材料可用于造船、汽车、宇航、战争武器、建筑机械等各个领域，也可做微电子工业的元器件的封装材料。它将大量代替钢材、铝合金、铜合金等金属材料。如用纳米塑料制造一台汽车，其重量仅有钢铁汽车的1/4。

历经10年研究和摸索，我国科学家最近研制出一系列令人惊奇的纳米塑料，不仅为塑料家族增添了新成员，而且使纳米产业化在我国成为可能。

纳米塑料中所添加的"纳米"，是我国盛产的一种天然纳米材料——蒙脱土。中国科学院化学所工程塑料国家重点实验室的漆宗能研究员率领的小组，利用插层复合技术，将我国盛产的这类天然黏土矿物均匀分散到聚合物中，从而形成纳米塑料。

乳白色的塑料瓶、管材摆满了一屋子，在实验室，前去采访的记者见到了这些纳米塑料。经过摸索，科研人员进而开发出以聚酰胺、聚乙烯、聚苯乙烯、环氧树脂、硅橡胶等为基材的一系列纳米塑料，并实现部分纳米塑料的工业化生产，获得了5项发明专利。

检测结果表明，纳米塑料呈现出优异的物理力学性能，强度高、耐

热性好、比重较低。同时,由于纳米粒子尺寸小于可见光波长,纳米塑料显示出良好的透明度和较高的光泽度。部分材料的耐磨性是黄铜的 27 倍,钢铁的 7 倍。

据悉,由于氧气透气率低,部分纳米塑料还具有阻燃性能。纳米塑料在各种高性能管材、汽车及机械零部件、电子及电器部件等领域的应用前景广阔,也适用于啤酒罐装、肉类和奶酪制品的包装材料。据悉,这项科研成果已经应用到北京市的申奥工程上。国家 973 纳米领域首席科学家张立德研究员说,纳米塑料将是我国最有希望实现产业化的纳米技术之一。

看来将纳米技术应用到工程塑料中去,使原材料的物理结构和性能发生了质的改变,不仅提高了产品的强度和耐用性,而且还增加了抗菌、阻燃、防尘、防静电等新功能,更能适应现代人健康生活的需要。

纳米碳管

顾名思义,纳米碳管就是其尺寸只有纳米大小、完全由碳组成的管子,是普通石墨的一个奇异的变种。纳米碳管是 1991 年最早被日本电气公司(NEC)发现的。它的管状结构所产生的力学性能和电子性能令世界各地大学和企业的研究人员瞠目结舌。简而言之,纳米碳管的特性是强度高、重量轻、性能稳定、柔软灵活、导热性好、表面积大,此外还有许多吸引人的电子性质。现在,研究人员已经开始了解、制造甚至利用纳米碳管,特别是在电子和材料科学领域。

纳米碳管是从富勒烯或"巴基球"衍生出来的。所谓巴基球,就是由 60 个碳原子组成的其形状像足球一样的碳分子, 尽管最初人们对 C_{60} 的应用十分热心,但所有圆形分子中这种最圆的分子至今尚未真正找到什么实际用途。C_{60} 真正大大促进了的一个行业就是科学论文的产生。而大多数关于实际用途的研究都集中在纳米碳管上。这种管由碳原子排列成的许多六边形构成。就在纳米碳管被发现后不久,日本 NEC 公司和美国麻省理工学院各自独立地揭示了纳米碳管的一种不寻常特性。根据他们的计算,如果沿纳米管长轴方向排列的一列六边形是直的, 则纳米管就具有金属的性质,能够导电。但是,如果一列六边形呈螺旋状排列,那么纳米管就具有半导体的性质。后来这两项预言终于都得到了证实。

纳米碳管在电子领域的应用潜力已经被宣传得沸沸扬扬,这也主要是因为硅的发展前景看来不如过去那样辉煌了。IBM 公司纳米科技小组的主

管 Avouris(艾夫瑞丝)曾经说过：大约 10 年之后,硅器件的进一步发展可能会遇到巨大的障碍。硅元件的持续微型化以及在越来越小的尺度上对电子性质进行细微控制,可能很快就会出现难以解决的问题。因此电子行业已经开始寻找实用的替代材料。Avouris 声称："一个可能的替代方案是寻找一种完全不同的元素来作为电子技术的基础。而在这种情况下,碳就是最有把握取得成功的一种元素。"1998 年, Avouris 和荷兰 Deifit 工科大学的 Dekker(但可)证明,单根纳米碳管可以构成一个晶体管。1999 年,他们又与朗讯技术公司共同报道说,单根纳米管确实可以起到整流二极管的作用。Avouris 还证明,流过半导体纳米管的电流,其强度的改变可以跨越 5 个数量级,因此,纳米碳管是一种优良的开关。

世界各地的几家公司正在尝试把纳米碳管的电子性质用于平板显示器中。单臂纳米管和多壁纳米管均具有优良的场发射性能,即在外来电场的作用下发射出电子。正是这种场发射成为推动平板显示器发展的动力。韩国水原三星高级研究所宣称, 2000 年圣诞节他们做出了一台 9 英寸的显示器,"在这台显示器上能够看清楚棒球选手"。这个显示器的耗电量仅为传统液晶显示器的一半,且纳米管的使用寿命符合电子元件寿命的标准要求即 1 万小时。

纳米碳管还可用于无线通信。纳米碳管在较低的电压下发射电子,却同时保持较高的电流密度。这些特性吸引了北卡罗来纳大学和朗讯公司去尝试通过纳米碳管的场发射产生微波,并且终于研制出了一个能产生微波的样品。

电池设计人员也盯上了纳米碳管。电池行业的终极目标可能是实现氢存储。无论使用什么存储介质,氢的存储容量要达到 6.5%(质量比)这一指标,才会使电动汽车制造厂商对它感兴趣。但是,又有科学家指出,储氢 4%是眼下能够达到的最佳水平,要想把它提高到 6.5%是未来的一项重大技术挑战。

美国宾夕法尼亚大学研究人员最近发现纳米碳管还是目前世界上最好的导热材料。纳米碳管依靠超声波传递热能,其传递速度可达每秒1万米。即使将纳米管捆在一起,热量也不会从一个纳米管传到另外一个纳米管,这说明纳米管只能在一维方向传递热能。研究人员称,纳米碳管优异的导热性能将使它成为今后计算机芯片的导热板,也可用于发动机、火箭等高温部件的防护材料。

纳米碳管的另外一个主要应用领域是材料。纳米管的强度相当于同等直径的钢的10倍,而重量只有钢的1/6。碳纤维是复合材料中经过实践考验的优胜者,而纳米

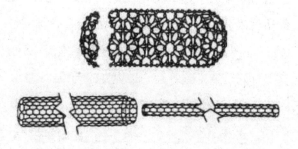

碳管由于具有异常高的长度/直径比,因此在这个行业中肯定也有发展前途。纳米碳管在材料领域的未来应用的最大支持者之一是美国国家航空航天局,他们希望把纳米碳管用于从空间飞船到太空服等各个方面。但是,必须找到一种方法把纳米碳管在纳米尺度上所具有的种种优异性能放大,使其可以应用于宏观尺度上。

纳米碳管的优异性能使电子和材料行业人士欣喜若狂,但是要制造出复杂高级的纳米电子器件和结构零件,却还有很长一段路要走。目前仅有的一些批量生产方法得出的纳米碳管实际上是多壁纳米碳管,而这种管的性质还不那么明确。因为每种纳米管都有不同的特性,这与它们的直径和螺旋性有关。到目前为止,人们还很难有选择性的生产出一种纳米管。对于精细的电子实验,必须花大力气提取出具有特定螺旋性的单壁纳米管。纳米碳管在应用时还受到长度过短的限制。此外,目前纳米

碳管的价格约为黄金的 10 倍。如果不采取措施加快研究进展,并降低成本,势必影响纳米碳管的实际应用。

　　我国已经利用化学气相法合成了大面积定向纳米碳管阵列。这种纳米管的直径基本一致为 20 纳米,长度约 100 微米,纳米管阵列面积 3 毫米×3 毫米。其定向排列程度高,纳米碳管间距为 100 微米。这种大面积定向纳米碳管阵列在平板显示和场发射阴极等方面有着重要的应用前景。此外,我国还首次大批量地制备出了长度为 2~3 毫米的超长定向纳米碳管阵列。这种超长纳米碳管比现有纳米碳管的长度提高了 1~2 个数量级。

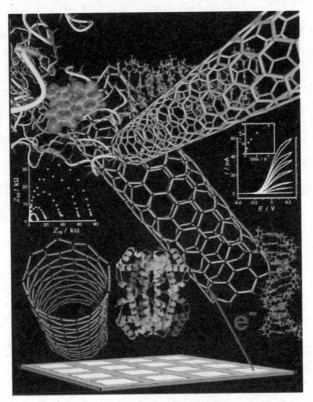

什么是分子马达

要想获得微观世界里的可以装配原子的机器，首先我们需要造出它的各个零部件。这一点和我们日常生活中所见到的机器的制造没有太大的区别，只不过这回我们要制造的部件要小得多。

平常我们见到的很多机器都有齿轮，我们能不能造出纳米尺度的齿轮呢？据海外媒体报道，日本东京大学已经研制成功了世界上第一个可自动控制转速的分子齿轮。

据介绍，这种分子齿轮的结构是在两个直径约为 1 纳米的卟啉分子中间夹一个直径约为 0.1 纳米的金属离子。卟啉分子主要存在于植物的叶绿素中。将卟啉分子和金属离子放入一种溶液中，并在特定的条件下将这种溶液加热，就可以制成分子齿轮。

日本专家介绍说，如果要达到实用化的目的，就必须将多个单独旋转分子齿轮结合起来，组成一个力的传动系统。因此，研究小组必须进一步研究分子齿轮的组合技术。

要想让我们得到的小机器能够工作，必须给它提供动力，这就需要制造一个小马达——分子马达。两位旅美中国学者已经在分子马达研究领域取得新的突破，首次利用单个 DNA 分子制成了分子马达。这一成果使得纳米器件向实用化方面又迈进了一步。

科学家曾经利用多个 DNA 分子制造出了分子马达，但这些马达存在着效率不高、难以控制的缺陷。美国佛罗里达大学教授谭蔚泓和助理

研究员李建伟新研制出的分子马达，采用的是人工合成的单个杂交DNA分子。这种分子在一种生物环境中处于紧凑状态，但在生物环境发生变化后，又会变得松弛。谭蔚泓和李建伟进行的实验证实，采用这一原理制造出的单DNA分子马达具有非常强的工作能力，可以像一条虫子一样伸展和卷曲，实现生物反应能向机械能的转变。谭蔚泓等的成果已经在美国《纳米通讯》杂志上发表。

"在紧凑和松弛这两个状态之间进行变化，使得分子可以做功，从而可以把一些小物体从一个地方搬运到另一个地方。"谭蔚泓接受新华社记者采访时解释说。他认为，这一特性使得"分子马达"可以为未来的纳米器件提供一种能量源泉。

DNA是生物遗传物质的载体。DNA分子马达的优点是可以直接将生物体的生物化学能转换成机械能，而不像通常意义上的马达需要电力。因此，从理论上说，DNA分子马达可以借助一些生物化学变化而进行药物和基因等的传递，比如说，将药物分子直接输送至癌细胞的细胞膜。与多分子DNA马达相比，单DNA分子马达应用起来更为方便。谭蔚泓等的研究成果使得分子马达离实际应用更近。

研究人员指出，他们采用人工合成的单DNA分子来制造分子马达还有一个好处，即可以根据不同要求而有针对性地设计出DNA分子，使制造出的马达具备各种性能。他说："这些马达可以有不同的效率，并且可能从而把物体搬运到更远的距离。"

现在还很难预测分子量级的马达什么时候能真正投入使用。科研人员的下一步目标，是要让单DNA分子马达真正移动一个微小物体，并进一步提高其工作效率。

此外，康奈尔大学的科学家把一些镍制螺旋桨安装在400个分子马达的中轴上。当把这些马达浸入三磷酸腺苷溶液中时，有395个马达

没有动静,但是有 5 个开始旋转,使螺旋桨能够以每秒钟 8 转的速度旋转。该大学生物工程教授卡洛·蒙泰马尼奥说:"这是一台真正的纳米机器。"

由于这台马达也是从给细胞提供能量的分子中获得能量,所以蒙泰马尼奥教授认为有朝一日科学家也许能够制造出比细菌还小的机器人。这类机器人将能够修复细胞损伤,制造药物并且攻击癌细胞。

这些螺旋桨的长度为 750 纳米,这使研究人员能够用摄像机拍摄下螺旋桨的旋转。在一段录像中能够看到一粒尘埃被吸入螺旋桨中,后来又被打了出来。

研究人员说:"今天是螺旋桨,明天我们就能把其他的东西安装在马达上。这项技术现在正朝着实用的方向发展,这为制造在细胞中运转的机器打开了大门。它将使我们把设计好的装置与生命系统融合起来。"

《科学》杂志还描述了另外一种微观运动:一块锡在化学力的推动下,像变形虫一样在铜的表面四处游走,留下一条由铜的合金组成的纤维轨迹。

桑迪亚国家实验所的诺曼·巴特尔博士说:"锡块仿佛活了一样,在铜的表面到处找食吃。它会运动到光洁的区域,吃下表层的铜原子同时吐出以合金形式存在的铜原子。在微观世界中这种没有生命的系统竟然能够模仿生命系统真是令人感到惊奇。"

附在这篇研究报告后的评论说,实验中锡块的运动可以看成一种新的纳米马达,这个马达把化学能转化成机械能的效率大致与汽车的效率相当。

康奈尔大学的研究工作把几年来纳米技术研究的两个方向结合了起来。正如电子工程师把越来越小的晶体管刻到芯片上一样,纳米技术

科学家也造出了越来越薄的雕刻品，其中包括杠杆、柱子、悬空的电线和宽度为100个硅原子的一个吉他模型。但是，如果没有办法使它们运动，这些结构充其量也只能算微型艺术品。

美国哈佛大学前不久研制出一种新型的微型工具，它成功地抓住了直径约500纳米的聚苯乙烯原子团，人们称它为纳米镊子。

这种镊子终有一天将成为微细工程的得力工具，如用来拨弄生物细胞，制造纳米机械，进行显微外科手术，也可以从大量缠住的导线上取下20纳米线宽的半导体导线等等。这种镊子的工作端是一对由电控制的纳米碳管。由于纳米碳管不仅强度高，而且导电性好，因此也可用于测量，例如测量纳米组织的电阻。

以前，日本科学家曾研制出一对化学镊子，也能一次夹起一个分子。但这种化学镊子只能识别和紧紧夹住特定的分子即糖分子，对其他分子则"无能为力"。而哈佛大学的这种镊子则可以夹住任何分子。

如果有一种超微型镊子，能够钳起分子或原子并对它们随意组合，制造纳米机械就容易多了。将来这种镊子还可以成为纳米机械的一个组成部分。科学家的最新研究成果是，用DNA制造出了一种纳米级的镊子。

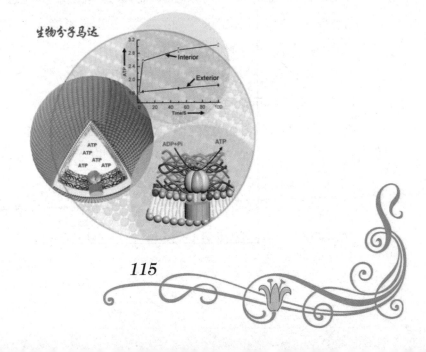

生物分子马达

搬动原子的机器

　　平常我们看到一辆卡车,它能装运几十吨的货物,远远超过了我们人类所能达到的力量。正是有了各种大型机械,我们人类才能开山洞、筑大坝、架大桥、建高楼,才能有我们今天丰富多彩的物质文明。可是这些机器尽管力量很大,它们也有不足。如果你让这些机器每次搬运几个原子它们可能无法做到,因为它们本身比原子大得太多了。然而,蓬勃发展的纳米技术正在努力建造这样的机器。

　　你可曾想过利用纳米机器将可以一次一个原子地制作钻石吗?从表面上看,这样的说法不现实:某一项技术的用途多得令人难以置信,它可以治疗疾病,延缓衰老,清除体内废物,增加人类的食品供应,分解各种废物,为你打扫房间,消灭害虫,而且,这只是开始。然而这恰恰就是纳米技术支持者预测能够实现的现实,甚至是可能在 21 世纪上半叶结束之前就变成现实的预言。

　　尽管有关纳米技术的想法听起来很难理解,但它确实属于主流科学,遍布全世界的实验室都在设法使其发挥作用。事实上,早在 1959 年,被认为是爱因斯坦之后拥有最高智慧的理论物理学家理查德·费曼发表了一个题为《底部有很大空间》的谈话,在谈话中他提到也许有一天人们会造出几千个原子组成的微型工具。

　　这样一台机器的好处有很多。它可以使用分子甚至是单个原子作为基本构件,建设规模最小的建筑工程。这就意味着人类可以从零开始

制造几乎任何东西。因为化学和生物学说到底就是分子结构的改变和原子重排,而制造只不过是聚集大量原子并使它们组成有用物品的过程。

事实上,每个细胞都是活生生的纳米机器的例子。它们不仅可以将养分转变成能量,还能根据 DNA 上的信息制造并输出蛋白质和酶。

但是,由于细胞各自具有固有的功能,使用生物技术制造纳米机器很受限制。而纳米技术的预测者们却有许多雄心勃勃的想法。设想中的一种纳米机器可以把天然碳分子逐个排列,制成完美无缺的钻石;另一种机器可将有毒物质的分子逐一分解:一种可以在人体血液中运动的装置,它能发现并分解血管壁上沉积的胆固醇;还有一种装置可将剪下的杂草改造成面包。事实上,世界上从电脑到汽车的每一件实物都是由分子或原子组成的,而纳米机器原则上可以制造出所有这些物品。

当然,从理论到实践是一个相当艰巨和困难的过程。但是,纳米科学家和工程师们已经证明,可以利用扫描隧道电子显微镜等工具移动原子个体,使它们形成在自然界中永远不可能存在的排列方式,比例为百亿分之一的世界地图或一把琴弦只有 50 纳米粗的亚显微镜吉他。他们还设计了由几十个分子构成的微型齿轮和发动机。

纳米技术的专家期望在 25 年内超越这些科学的预测,制造出真正的、实用的纳米机器,这些机器具有可以操纵分子的微型“手指”和指挥这些手指如何寻找、如何改造所需原材料的微型电脑。这些手指完全可以由碳纳米管制成。碳纳米管是 1991 年发现的一种管状的碳结构,其强度是钢的 100 倍,直径只有头发的 5 万分之一。

纳米机器中电脑也可以由纳米管制成,纳米管既可以用做晶体管,也可以用做接晶体管的导线。电脑也可以由 DNA 制成,通过改变这些 DNA 的结构,可以使其执行人为的指令。如果配备了适当的软件,并具备充分的灵活性,纳米机器人可以制造任何东西。

纳米机器人

　　我们平时常见的机器和工具,最小能够达到的程度,是以我们的肉眼可以看见的外形为依据的。1986年,美国福赛特研究所的德雷克斯勒博士在自己的著作《创世的引擎》中提出了分子纳米技术的概念。他所说的分子纳米技术,就是使组合分子的机器实用化,从而可以任意组合所有种类的分子,并可以做出任何种类的分子结构。仅就他提倡的分子纳米技术来说,其后并未取得重大进展。他的观点是,微型机器可以利用自然界中存在的所有廉价材料制造任何东西。这种观点在专家的议论中出现,显得太离奇了。但从另一个角度看,他却揭示了一个人类在21世纪中将会大规模进军的领域——微观机器人领域。

　　自机器人问世以来,人们已一致公认机器人是"解放人类的工具"。那么,什么样的机器才称得上是机器人呢?一般说来,机器人是指靠自身动力并有控制能力来实现各种功能的一种机器。联合国标准化组织采纳了美国机器人协会给机器人下的定义:"一种可编程和多功能的,用来搬运材料、零件、工具的操作机;或是为了执行不同的任务而具有可改变和可编程动作的专门系统。"

　　机器人是一个总称,它种类繁多,按发展过程可以分为三代。第一代指只有"手"的机器人,以固定程序或可编程序工作,不具有外界信息的反馈。这种机器人也称"示教再现型"机器人。第二代对外界信息有反馈能力,具有触觉、视觉、听觉等功能,叫"感觉型"机器人,又称"适应型"机器人。第三代具有高度的适应性,有自行进行学习、推理、决策、规划等功能,这种机器人被称为"智能型"机器人。

　　微型机器人又称为"明天的机器人",它是机器人研究领域的一颗

新星,它同智能机器人一起成为科学追求的目标。发展微型和超微型机器人的指导思想非常简单:某些工作若用一台结构庞大、价格昂贵的大型机器人去做,不如用成千上万个非常低廉的细小而极简单的机器人去完成,这正如一大群蝗虫去"收割"一片庄稼,要比使用一台大型联合收割机快。微型机器人的发展依赖于微加工工艺、微传感器、微驱动器和微结构四个支柱。这四个方面的基础研究有三个阶段:器件开发阶段、部件开发阶段、装置和系统开发阶段。现已研制出直径20微米、长150微米的铰链连杆,200微米×200微米的滑块结构,以及微型的齿轮、曲柄、弹簧等。贝尔实验室已开发出一种直径为400微米的齿轮,在一张普通邮票上可以放6万个齿轮和其他微型器件。德国卡尔斯鲁核研究中心的微型机器人研究所,研究出一种新型微加工方法,这种方法是X射线深刻蚀、电铸和塑料膜铸的组合,深刻蚀厚度是10~1000微米。

微型机器人的发展,是建立在大规模集成电路制造技术的基础上的。微驱动器、微传感器都是在集成电路技术基础上用标准的光刻和化学腐蚀技术制成的。不同的是集成电路大部分是二维刻蚀的,而微型机器人则完全是三维的。微型机器人和超微型机器人已逐步形成一个牵动众多领域向纵深发展的新兴学科。

微型机器人可以在原子级水平上工作。例如,外科医生能够遥控微型机器人做毫米级视网膜开刀手术,在眼球运动的条件下,进行切除弹性网膜或个别病理细胞,接通切断的神经,在病人体内或血管中穿行,发现癌细胞立即把它们杀死以及刮去主动脉上堆积的脂肪等。用微型机器人胃镜可以放进胃内对胃进行全面检查。

微型机器人的作业能力达到了分子、原子级水平,已远远超过了艺术家在头发丝上作画的程度了。微型机器人还可以用于精密制造业的加工,用它制造存储量更大的电脑存储芯片,以及加工精度极高的"超

平面磨床"等。

应用微型机器人技术，以便各种各样的航天测量变得更为轻巧，磁带录音机之类的家用电器也会变得更加小巧和多用，电视屏幕可以做得既大又薄，其上各点的光亮度，可以用微型机器人自动控制。微型机器人也将使机械学发生一场革命。微型和超微型机器人的应用领域非常广阔，它可以用于航海、农业、通信、航空航天、家庭和医疗等方面。例如：扔下成千上万个微型机器人去咀嚼轮船底部的贝类和苔藓，能节省航行能源。将成千上万个微型机器人撒在土豆地内，让它们去咬死害虫，使土豆有好收成。飞行微型机器人载着湿度仪和红外传感器在田野上飞翔，当发现农田有干旱现象时，便降落在灌溉系统的阀门上，将干旱信息传输给传感器，打开阀门，定量灌溉农田。

微型机器人可以携带摄像机和微型光纤，进入人类无法到达的地方去观察环境，存储或传输图像。当地下电缆断了以后，让成千上万个微型机器人沿着电缆爬行，爬到断头时，便让双手搭在前端断头上，于是微型机器人便成为连接导线，永久留在电缆上。微型机器人可以清洁、修理空间望远镜，检查宇宙飞船热屏蔽罩，给飞机机罩除冰。如果将大量的飞行微型机器人部署在其他星球上，机器人则可以发回各种所需的信息。

每天晚上可以放出微型机器人在商店和仓库附近放哨，防止盗窃者进入。微型机器人还可以在住房隐蔽处除尘，进入家用电器内部检查和维护。

微型机器人能力的评价标准有：智能，指感觉和感知、包括记忆、运算、比较、鉴别、判断、决策、学习和逻辑推理等；机能，指变通性、通用性或空间占有性等；物理能，指力、速度、连续运行能力、可靠性、联用性、寿命等。因此，可以说微型机器人是具有生物功能的空间三维机器。

　　尽管迄今尚未出现智能微型机器人，但是大部分的机器人研究机构的科学家都认为到 2040 年，智能微型机器人将达到人的智力水平，也许还能达到人的意识水平。然后，智能机器人会得到进一步改进。人与机器之间最终将建立一种共生关系，两者合并为能够大大扩展智力的"后生物体"。美国麻省理工学院人工智能专家马文明斯基预见到未来的智能机器人：人将把大脑的思维下载给计算机控制的机器替身，形成几乎无限的信息和数据。这种状况标志着人类一个新的开发阶段的开始。

　　另有一种微型机器人，是由东芝公司和名古屋大学制造的。这个只有 1.5 厘米大小的微型机器人是靠液体压力驱动橡皮制成的动作器而自由行动的，这种微型机器人不带供给能源的缆线，可在内径只有 6 毫米的细管内移动，且今后可能发展成为在血管中自行移动，是一种能治疗或诊断疾病的微型机器人。

　　对于微型机器人，有的科学论著把其说成是一个模仿人的动作的微型机器，其实不完全如此。美国麻省理工学院电动机工程师阿尼塔·弗林研制成功了一台精密型机器人，它借助自身的动力，能爬行、步行、跳跃、旋转，而且还具有视觉锐利、听觉灵敏、感觉准确的特点。现在科学家们正试图研制超微型机器人。他们预言，到 21 世纪这种超微型机器人如果研制成功，它可以像红细胞那样注入人体内，从溶解在血液内的葡萄糖和氧气中获得能量，并按照编好的程序，探试、辨识、过滤、清除人体内的病毒，保持肌体的健康。1994 年 8 月，美国麻省理工学院的专家们开始研制高 4 毫米的带马达的微型机器人，据他们估计，这种微型机器人由于非常微小，能进入人体做手术，再用十几年时间，这种机器人就能试制成功，投入生产和使用。

　　将来的纳米机器人可以合成你想要的任何东西，科学家设想在未来纳米机器人的帮助下,我们甚至可以从因特网上下载硬件,这是迈特公司纳米技术权威詹姆斯·埃伦博根作出的预测。该公司是五角大楼资助的、设在弗吉尼亚州麦克莱思的一家研究中心。

埃伦博根对他提出的下载硬件的景象作了引人入胜的解释:"人们可以想一想当今下载软件是什么情形,是以改变分子团磁性特征的方式重置磁盘的物质结构。如果计算机的内容不超过分子团的体积,就可以通过重新排列磁盘上的分子制造芯片。"埃伦博根说,研究人员已经忙于研制体积只有针头大小的计算机,"这种纳米计算机的各个部件比我们现今用在磁盘驱动器上装载信息的物理结构小得多。因此,在不久的将来,我们将能够像今天下载软件一样从网络里下载硬件。"

从物理意义上再生产一些硬件下载产品将需要新的磁盘驱动器。一种设想是用极为尖细的点束制造一种读写磁头,以某种方式刺激原子和分子。利用十年来在扫描隧道电子显微镜及相关技术方面取得的研究成果,分别由斯坦福大学的卡尔文·奎特和康奈尔大学的诺埃尔·麦克唐纳领导的两个科学家小组从事这方面的研究。

埃伦博根说:"一旦我们掌握了制造体积不超过盐粒大小的计算机的技术,我们就会从根本上处于一种新的形势。"体积如此微小的计算机将非常便宜,因而随处都可使用计算机。嵌在内衣里的计算机将告诉洗衣机应当用什么水温洗涤内衣。圆珠笔笔芯中的墨水即将用完的时候,嵌在笔中的计算机将提醒你更换笔芯。嵌在鞋里的计算机将向汽车发出信号,把主人走过来的信息通知汽车,让汽车调整好座位和反光镜并打开车门。

科学家设想了一个叫做"纳米盒"的东西,来实现上面的下载硬件的想法。这是一种把纳米制造技术与现今所谓的台式制造方法相结合的未来复印机。如果你需要一部新的蜂窝电话,你可以通过网络购买一

种制作蜂窝电话的方法。它将告诉你插入一个塑料片,把导电分子注入"色粉"盒中。纳米盒将把塑料片来回移动,记下分子的型式,然后通过一定方法指引分子自行组装成电路和天线。下一步是,纳米盒利用不同的"色粉"加上号码键、扬声器和麦克风,最后制造外壳。

不要指望在 2020 年以前能出现这种精巧的小装置,下载纳米级计算机电路的试验最早不会早于 2005 年。在随后的 10 年中,纳米制造系统可能用于"写物质"——初步生产纳米芯片。

纳米技术的一个分支分子电子学已经朝着实现这个目标取得了具体的进展。由洛杉矶加利福尼亚大学和惠普实验室科学家组成的研究小组找到了一种由分子自行组装的所谓的逻辑门。惠普实验室研究人员菲利普·库克斯说,这个研究小组下一步的目标是缩小芯片上的线路,旨在生产出"单边为 100 纳米的芯片"。他还说:"目前的芯片生产成本之所以非常昂贵,是因为生产机械需要有极高的精确度。但是采用化学方法制造,我们可以像柯达公司生产胶片那样,生产出长卷,然后只需切成小块就行了。"

这样的设想引起了华盛顿的兴趣。美国国防高级研究计划局已经实施了一项分子电子学研究计划。国会似乎急切地想大大增加纳米技术的研究经费。一项计划将使纳米技术的研究经费在今后几年中翻一番。白宫可能也会表示赞成,因为白宫已经把纳米技术列为 11 个关键研究领域之一。

迈特公司埃伦博根领导的研究人员在最近取得的新成果是设计出一种用于组装纳米制造系统的微型机器人。目前设计出的这种机器人的长度约为 5 毫米。但是,假设能利用纳米制造技术使这种机器人的体积不断缩小,它最终的体积可能不会超过灰尘的微粒。

体积微小的机器人能够像纳米技术的倡导者埃里克·德雷克斯勒

设想的那样，用于操纵单个原子。德雷克斯勒在 1986 年出版的《创世的引擎》一书中对纳米技术的潜在用途作了一番引人入胜的描述。应该说是德雷克斯勒开创了纳米技术时代，并启发人们作出如下的种种设想：成群的肉眼看不见的微型机器人在地毯上或书架上爬行，把灰尘分解成原子，使原子复原成餐巾、肥皂或纳米计算机等诸如此类的东西。

虽然用原子制造计算机仍然是一个相当遥远的梦想，但是埃伦博根认为很快能取得研究成果。他说："我敢打赌，分子电子学近期内能获得突破。"这似乎是为纳米技术下的一个大胆的赌注。

纳米老鼠

　　历史上人类早就试图让机器拥有和人一样的感觉能力。美国"信息论之父"——香农，1950年制造了一只机器老鼠，取名为"提修斯"。它借助地板上的许多磁铁和电路，能够从迷宫中探路而走，以最短路线通过迷宫。也是在1950年，英国神经学家沃尔特制造出很有名气的机器乌龟，它是能够自动行走的机器玩具。它身上有一个光电管作眼睛，光电管是一种受到光照射即可产生电信号的元件。它身上还有两个电动机，机器乌龟就靠电动机驱动轮子移动。在有电时，它可以前后爬行，还可以转圈，也能避开光源。如果电用完了，它能向着有光的地方爬去进行充电，充完电后再退回来。

　　1977年，美国电气与电子工程师协会举办了机器小老鼠走迷宫竞赛。迷宫由许多围墙构成走道，有不少死胡同。小老鼠从进口向里走，开始找路。它身上带有传感器，能感觉出是否碰上围墙。它是由电动机驱动身子下的轮子进行移动的，它身上有微电脑，由电脑计算出最短的路径。电动机和传感器向电脑提供行走了多少路程，电脑根据这些数据和程序产生控制信号，控制轮子前进和转弯，使小老鼠以最快速度走到终点。这一例子，说明了机器人正在不断向智能化发展，微型机器也是这样。科学家设计了一种由纳米电子材料制成的微型商务智能机器只有一张名片大小。

　　要想让纳米机器人拥有各种各样的能力，就要给它们装上各种器

官,科学家研究出了纳米耳、纳米鼻等,将来把它们装在纳米机器人上,那么这些机器人可能真的就成了"超级小人"了。

下面就让我们看看这些微小的感官是什么样的。

 # 纳米耳

你的听力足够灵敏吗?任何细小的声音都逃不过你的耳朵?这是做不到的。然而科学家们正在研制一种人工耳:纳米耳,它的敏锐度甚至能够把细胞所发出的噪声分辨出来。

这并非痴人说梦。美国航空航天喷气推进实验室的诺卡教授用模仿人耳的方法来制造纳米耳。在人耳中,耳鼓所接受的声音经过三块骨头传到耳蜗,耳蜗内部有一排排毛细胞,细胞上部是一簇簇细丝,称为静纤毛。声音振动使耳蜗牛的液体活动,使这些静纤毛飘荡;每次静纤毛晃动,都触发被大脑理解为声音的脉冲。诺卡教授和他的同事发现:碳纳米管十分适于做人造静纤毛,而且比钻石还耐用。另一位教授发明了像草皮种植场种草那样种植碳纳米管的方法,使它大量被制造,用于生长纳米耳。

实验已证明,这种纳米耳灵敏度大大超过人耳纤毛的潜力。耳朵里的纤毛直径为 100 纳米左右,长度是一两个微米,而现在制造的纳米耳直径只有几纳米,长度却有 60 微米,真可谓是又细又长。这样就使得这种纳米耳的灵敏度增高许多。也许有一天,这种人工耳可置于人体血液循环中,作为流动的纳米听诊器,专门监听细胞功能失调,甚至可以听到癌细胞所发出的清晰声音。这种纳米耳完全生产并投入使用大概还需要一段时间。

纳米鼻

美国斯坦福大学的研究人员发现,用纳米碳管制成纳米鼻,可以用来探测有毒的二氧化氮和氨气。科学家希望这一发现将引出新一代的环境探测器,并在环保领域大显神威。二氧化氮和氨气会导致温室效应和酸雨,因此它们在大气中的含量必须被实时监测。工程师们还需要准确探测这些气体在某些地方的浓度,例如测量燃煤工厂中这两种气体的浓度可以检测除污系统的有效性。但是,现有的探测技术成本高,不便移动作业,且所需温度高。用纳米碳管制成的探测器就可以解决这些问题。

研究人员发现,当碳纳米管曝露于二氧化氮中时,通过它们的电流增大;当曝露于氨气中时,电流减小。尽管现在还不能确定是什么原因导致了电流的变化,一种解释是气体分子释放或吸收电子,从而使纳米管的电阻发生改变,但这不妨碍人们对这种变化的应用。纳米鼻探测器由两端连接着金属导线的碳纳米管组成,与现有探测器不同的是,它可以在室温下工作,造价低廉,并且体积微小,只有 3 微米长。在用微芯片进行化学分析的"芯片实验室"中可以找到用武之地。一般来说氨气很难探测,而且氨气污染越来越严重,有了这种探测器就太方便了。一位环保工程师也认为,对二氧化氮进行监测很有价值,但是在原来的技术条件下难以进行,而"新的纳米鼻探测器有用极了"。目前,研究人员正在寻求商业合作伙伴对它进行开发。但是,这种探测器还有一些缺陷需加以改进。如:恢复时间慢,它测定一个气体样本后需等 12 小时才能再次使用,另外,还可根据用户需要改造这种探测器,使它具备更多的功能。例如,科研人员已在用它探测一氧化氮方面取得了一些进展。

纳米温度计

测量比针尖还细小很多的物体的温度并不容易，最近日本科学家利用纳米碳管研制出一种微型温度计，它可以测量 50℃~ 500℃之间的温度，预计在微观环境中将有广泛的应用。

自然杂志上报告说，他们在直径为 75 纳米的纳米碳管里充入金属镓液体，对它加热，然后冷却。结果发现，在 50℃~500℃之间，纳米碳管中镓液柱的高度随温度呈均匀变化，就像普通温度计里的酒精或水银液柱的高度变化一样，液柱最长可以达到 10 微米。

金属镓的熔点为 29.78℃，沸点为 2403℃，用液体镓作为测温液体，可以测量的范围很大。此外，用于制造纳米碳管的材料是石墨，它在 50℃~500℃之间体积随温度的变化极小，因此纳米碳管本身的直径和长度变化可以忽略不计，测量精确度较高。

测量温度是科研和工业生产等领域上基础工作之一。目前，包括晶体管等在内的很多器件尺寸越来越小，这对在微观环境中测量温度提出了新要求。日本科学家的这一成果有望为满足这一要求提供新手段。另外，这一成果本身也是在纳米技术领域的有益尝试。

将来把这些传感器装到纳米机器人身上，他们就能听、能闻，还可以感知冷热，这样以后甚至可以创造出智能型的纳米机器人。

纳米机器人

　　实际上，细胞就是一台纳米机器，只不过纳米机器要受我们人类的控制，而细胞有它自己的指挥官——基因。我们知道细胞能够进行分裂，一个细胞变成两个细胞，各种各样的细胞有机地组合到一起就能形成一个生命。上述细胞的分裂过程实际上就是一个自我复制的过程。

　　假如我们能够制造一个纳米机器人，但是我们要知道物质世界里的原子数是数不胜数的，经过简单计算，即使这个机器人能以每秒10亿个原子的速度全速生产，还是几乎毫无用处，因为一个纳米机器人哪怕只生产一小批产品也要花费数百万年的时间。尽管从科学角度而言这样的纳米机器人装配工很有吸引力，它本身在宏观的"现实"世界里却不会有多大用处。怎么来解决这一问题呢?中国有句古话:人多力量大。假如有很多这样的机器人一起工作，那么就可以生产出更多的产品。如何达到这一目标呢?要是纳米机器人也能够自我复制就好了。目前人类正在努力使纳米机器人能像细胞一样具有自我复制的能力。

　　我们举个例子，假如一个纳米机器人由10亿个原子按照超乎想像的精密结构组合而成。而且它们组装的速度仍是上面说的每秒10亿个原子，并且它能够复制自身，那么每个机器人完成自己的一个复制品仅需1秒钟。然后新的纳米机器人克隆品将被"启动"，又开始自我复制。在这个忙碌的克隆过程进行60秒之后，将出现2的60次方个纳米机器人，这是巨大得难以想像的18位数字，或者说是10亿个10亿，这支

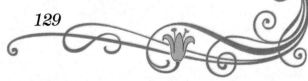

纳米机器人大军能够在 0.6 毫秒内生产 30 克产品，即每秒生产 50 千克，现在我们谈论的真的不再是毫无用处的小家伙了。

普通的纳米机器人用于大批量生产的想法并不是特别诱人，但是能够自我复制的纳米机器人确实令人心动。如果这是可行的，那么在瞬间生产出从 CD 机到摩天大楼在内的任何东西的想法似乎也并不牵强。大量复制的纳米机器人可以分解垃圾，吸收并分解空气中的有毒污染物，如果成功，那么环境污染的问题可望得到根本的解决。

但是，这些能够自我复制的纳米机器人也可能是非常可怕的。它们也许就相当于一种新的寄生物，没有人能阻止它们的无限扩张，最终全世界都会变成一堆分辨不清的灰色糨糊。更加可怕的是，它们可能根据设计程序或者通过随机突变而具备彼此交流的能力。一位作者在作品中对纳米机器人繁殖扩张非常害怕，人类的领地可能要被这些小机器人侵占了。

但是，假如纳米机器人忘记停止复制会发生什么?如果没有一些放在纳米机器人内部的停止信号，纳米机器人忘记停止复制，无穷尽地复制自身，产生灾难不是没有可能的。纳米机器人在人体内快速复制能够比癌细胞扩散还要快地布满正常组织;一个发疯的制造食物的机器人能够把地球的整个生物圈变成一块巨大的奶酪。

纳米技术学家没有回避危险，但是他们相信他们能控制灾难的发生。其中一个办法是设计出一种软件程序使纳米机器人在复制数代后自我摧毁。另一种办法是设计出一种只在特定条件下复制的机器人，例如只有在受到某些刺激比方说只有当某种化学品的浓度高于一定限度后才进行复制，或者在一个很窄的温度和湿度范围内才能复制。

科学家设想可以有两种类型的纳米机器人:一类具有自我复制能力，叫自我复制工，如同蜜蜂中的蜂王;一类不具有自我复制能力，叫普

通装配工，就像蜜蜂里面的工蜂一样。这样就更易于控制纳米机器人的复制。

就像电脑病毒的传播一样，所有以上这些努力都无法阻止那些不怀好意的人有意释放某种纳米机器人作为害人武器。事实上，一些批评家指出纳米技术可能的危险要大于它的益处。然而，仅仅这些利益就已经太具诱惑力了，纳米技术必将超过电子计算机和基因制药而成为新世纪的技术发展方向。世界可能会需要一个纳米技术免疫系统，这个系统中有一些纳米机器人要来充当警察，他们不断地在微观世界中同那些不怀好意的机器人进行战斗。

纳米机器

纳米炸弹

几个月之前，美国密歇根大学生物纳米技术中心的一群科学家来到了美国陆军犹他州的德格伟试验场。他们此行的目的是为了演示"纳米炸弹"的威力。这个弹药可不是什么庞然大物，而是分子大小的颗粒，其粗细约为针头的1/5000。但它能摧毁人类的众多微生物敌人，包括含有致命的生物病毒——炭疽的孢子。军方对纳米炸弹产生了浓厚兴趣。在实验中这种设备的成功率竟然高达100%，证明作为一种抵御炭浓攻击的潜在武器，它同样具有惊人的民用价值。例如，研究人员只要调整炸弹中溶剂、清洁剂和水的比例，就可以为炸弹提供生物编码指令，使它杀死引起流感与疱疹的病毒。密歇根大学的科研小组现正在研制对目标极具选择性的新型纳米炸弹，它们能够趁大肠杆菌、沙门氏菌或李氏病菌到达大肠之前进行攻击。

硅手指

2000年4月，IBM宣布利用DNA为一种长有人体头发丝1/50细的硅手指的简陋机器人提供动力。这类机器人大约在10年内能跟踪并摧毁

癌细胞。康奈尔大学的研究人员也开发出了一种分子大小的马达,它由有机物和无机物成分混合制成。在 1999 年 9 月的试验中,这台机器的转子以 3~4 转每秒的速度旋转了 40 分钟。如果进一步加以开发,这类马达将能够抽吸液体、开关阀门以及为一系列广泛的纳米大小设备提供动力。这类发明与产品仅仅是许多观察人士预测的一场新工业革命的开端,这场革命是因人类一次操纵一个原子或分子的能力日益增强而促成的。

美国国家科学基金会的纳米技术高级顾问米黑尔·罗科说:因为纳米技术,我们在今后 30 年中看到的我们这个文明世界发生的变化,将比整个 20 世纪期间出现的还要多。纳米技术的一个巨大好处就是能够制造出自然界没有或无法通过传统化学方法获得的具有新特性的材料。例如,计算机生产商利用纳米技术研制年产值达 340 亿美元的硬盘驱动器市场中的一种关键部件"读磁头",极大地提高了计算机扫描数据的速度。施库尔博士牌的抗真菌喷雾剂也含有纳米大小的氧化锌微粒,可以减少罐头内气雾剂凝结的可能性。纳米微粒还有助于生产更耐磨、更耐用的汽车蜡、地板蜡和不起划痕的眼镜。

自组装

纳米技术的下一个发展阶段将是仿效大自然。例如,像鲍鱼这些动物体内就有细胞马达,它们把课堂粉笔中所含的易碎物质与蛋白质、碳水化合物组成的"灰浆"混合成具有纳米结构的外壳,这种复杂精美的壳异常坚固,连锤子也无法砸碎。利用生物技术与分子工程,人类即将能够复制或者改造这类马达以达到自己的目的。那么这些灵感来自生物的机器是如何构造的呢?它们常常能够自我构造,这就是所谓的自组装。这类生物机器的巨分子具有完全相同的形状与化学结合倾向,以确保它们一旦结合,就会按照预先设计的方式连为一体。例如,构成 DNA 双螺旋的两条链之相配毫厘不差,也就是如果在一种复杂的化学混合物中把两条链分开,它们仍能轻易地找到对方。这种现象对于制造纳米大小的产品很有帮助。例如,德国科学家把建筑材料连接在单股 DNA 链上,发现这些链彼此找到对方后把各自携带的成分结合在一起,从而产生了一种全新的材料。又如纳米碳管是约人体头发丝 1/50000 粗细的能自组装的碳原子群系。科学家希望一旦成功地将纳米管组成较粗大的股线,所产生的材料其硬度将是钢铁的 100 倍,导电性优于铜,导热性优于钻石。这种纤维的薄膜有望用于制造可再充电的电池,它要比今天的电池耐用许多,而且体积更小。IBM 科学家利用自组装原理研制出了一种新的磁性材料。有朝一日,这种材料能使硬盘及其他数据存储设备能够存储比今天的产品多出 100 倍的数据。确切地说,研究人员已经发现了某种化学反应,它导致极小的磁性微粒(每个微粒都包括几千个原子)能够自组装成井然有序的阵列,其中每个微粒与其邻近微粒之间的距离与预先设定的间距完全一样。纳米结构自组装为新材料的合成带来了新的机遇。

其他科学家也偶然发现了重要的新型自组装实体。1996 年,美国西北大学的塞缪尔·斯图普在试图研制新型聚合物时,无意中发现了"纳米蘑菇"。他过去一直在进行试验的分子自发地聚集成了形似蘑菇的超分子群。没过多久,他再次无意中发现很容易给这种超分子提供生物编码指令序列,从而形成性能如同透明胶带的薄膜。与此同时,加州大学与惠普公司为世界上第一台分子计算机奠定了基础,他们还希望研制出比细菌还要小的内存芯片。如果计算功能像过去 40 年那样继续以每 18~24 个月就增强一倍的速度发展,这类成就就是绝对重要的。这是因为芯片的晶体管排列越紧密,芯片的处理速度就越快,而我们在利用硅

研制极小的晶体管方面即将临近自然极限。

伦理问题

　　纳米科技的迅速发展也引起了一些科学家的忧虑。1999年4月，太阳微系统公司首席科学家比尔·乔伊发出警告：若使用不当，纳米技术的破坏性可能比核武器还大。有朝一日，大量能自我复制的纳米机器人会很快失去控制，把地球上的整个生物减少至零。因此，他认为应该禁止某些研究项目，但这不是技术问题，而是伦理和政治问题。又如，量子计算机的研发成功可能使最难对付的密码迎刃而解，但又会带来更加严重的信息安全问题。纳米生物学可使人类更加健康长寿，然而长寿意味着地球上的人口将会更多，可是地球又能承受多少人口呢？纳米技术是否能够成为现实已不再是一个问题。现在的问题是：纳米技术是否能够变得经济实用？纳米技术如何被用来使这个世界变得更好？

纳米火车

　　美国科学家正在制造世界上最小的火车——纳米火车。这种纳米火车以神经细胞中的微管片段为车厢，以牛脑中的驱动蛋白为牵引机车，可以在特定的轨道上运行，虽然现在还不能实现装卸货物的目的，但科学家正在试图这样做，并且取得了很好的结果。如果成功，那么人类向着实现纳米级自组装工厂这一目标又迈出了一步。

　　在美国华盛顿大学的实验室中，科学家维奥拉·福格尔用微管的片段制造微小车厢，这些蛋白质管道只有人头发直径的 0.1%，在神经细胞中纵横交错地分布着。他把这些细丝切成微小的片段，然后把它们放到用薄薄的特氟隆(一种化学材料，可以用来做不黏锅的涂层)做成的轨道上，这些微小的车厢就会开始奔驰。

　　纳米火车也许是一场工业革命的关键。1986 年，技术预言家埃里克德雷克斯勒在《创世的引擎》一书中描述了一个分子机器取代工厂的世界。这些微小的"装配者"将利用一桶一桶的原料，一个分子一个分子地制造出包括计算机和汽车在内的各种东西。在这个世界里，纳米机器人自我复制并且自我维修，由于它们是并行工作的，因此速度很快而且廉价得令人难以置信。德雷克斯勒说，有朝一日人们将培育从塑料到火箭发动机等各种东西。这就是福格尔制造纳米火车的意义。尽管他并不认为这些火车会造出计算机芯片或者单枪匹马地把我们带入德雷克斯勒幻想的世界，但他的纳米火车也许会首次填补纳米技术领域没有动力

装置的这个空白。

在纳米机器还不能自我复制的情况下，还很难想像如何制造出第一台纳米机器。尽管我们已有很多绝妙的纳米组件——比如用硅做成的轮子和用碳做成的纳米管，目前仍然没有可靠的方法运送这些组件并把它们准确无误地放置在指定的地方装配它们。

要想使纳米火车顺利地跑起来，就要给它合适的动力。其实所有的动物和植物的细胞都含有一个运输网络，这个网络把原料、成品和垃圾运送到目的地。这些通道是一些称为微管的蛋白质长杆。微小的分子汽车在这些微管中行驶，把化学物质从一个地点拖到另一个地点。在身体最长的细胞延伸物即神经纤维中就布满了这样的微管。

华盛顿大学生物化学系的约纳顿·霍华德正在研究牛脑细胞中驱动蛋白的分子机理。驱动蛋白是一种细长的蛋白质，这种分子的一端有两条短粗的"腿"，另一端有两个肥大的"头"，它能够顺着微管"走动"，每次走一步。在它的被称为泡囊的薄膜袋中携带着化学物质。驱动蛋白每步跨出的距离只有区区 8 纳米。一条"腿"附着在微管上的同时，另外一条"腿"向前摆动，跨出一小段距离并落在微管上。霍华德已发现向前摆动的力量是由 ATP 分子中的能量提供的。他还发现，当驱动蛋白行走时，每个分子能使出 6×10^{-9} 牛顿的力。在纳米层次上，这个力很大，足以把一根结实的微管折成两段。这使驱动蛋白成为驱动福格尔纳米火车的理想发动机。多年来，研究分子马达的科学家已能够使微管在涂有驱动蛋白的微小滑道上漫无目的地四处运动。

但是随机运动没有什么用处，因此福格尔设计了一种制造微小轨道的方法引导他的小火车。他用一块不黏锅常用的特氟隆摩擦一条玻璃滑道的表面，结果得到一些大约 25 微米高的由特氟隆分子组成的平行山脊，这些山脊的间距大致相同。最后，他把驱动蛋白分子铺到滑道

上，再把火车放在滑道上。通过显微镜看到的景象与鸟瞰一个繁忙的火车货场相似。发着光的微管火车相互平行地行驶，或者逆向而行，彼此分离。偶尔会有一个微管似乎要切换轨道，转到左边或右边，但随后这些微管又会与其他微管一样平行运动。

为了组装分子齿轮、分子马达等各种各样的东西，必须把每个组件送到指定的精确地点。福格尔和霍华德构想他们的火车应该是这样工作的：在一个货场装载组件，把组件卸到组装地点，然后再回来运送更多的组件。在运送的货物中，可能会用到纳米管，尽管离真正的分子组装还有很长的距离，可是福格尔下一步工作并不太复杂。他首先要证明他的火车能够运送东西。因此这种火车运送的第一种东西将是易于看见的微小光珠。福格尔希望在一年左右看到这些光珠搭载在纳米火车上四处奔驰。通过在逆向行驶的火车上装载颜色不同的光珠，福格尔还可能看到货物能够以多近的距离携带，以及它们是否能够在不脱轨的情况下碰撞——这在实际组装中是非常重要的。

由于这些火车只是刚刚设计好，因此福格尔说现在还难以知道它们首先将在哪方面得到应用。这些应用很可能与某种装配线有关。为了使装配线能够工作，纳米火车还需要更多的组件和控制。

到目前为止，还没有办法使纳米火车向后倒车。因此使纳米火车回到装配线的起点也许需要一条简单的环线。但是纳米火车的速度应该是容易控制的。目前这种纳米火车的最高速度为每秒钟 1 微米，如果把这些火车周围的 ATP 减少，车速就会降下来。

在纳米世界中，如果要使用大批纳米机器人把一堆化学物质转变成一艘飞船，人们就需要像纳米火车这样的东西。对科学家来说，纳米火车只是实现幻想的过程之一。

虚拟现实

随着计算机和互联网在人们生活中的不断普及，它们所发挥的作用也越来越大，如今人们在家里就可以上班、上学。渐渐地人们希望电脑给予我们的不再是冷冰冰的屏幕，而希望它能活起来，让我们感受一个真实的世界。虚拟现实技术正是这个要求的产物。

大家可能都玩过电子游戏，在很多电子游戏里面你都要充当一个角色，既可以过关斩将，也可以驾车飞奔。很多制作得非常好的电子游戏不但可以给我们许多真实的感受，还能够激发我们的智慧。实际上电子游戏就是一种简单的虚拟现实。

可是如今的虚拟现实离我们所要求的还差得远。尽管计算机可以产生很逼真的三维图像，但是我们还是知道那不是真的，我们面对的计算机仍然是一台机器，它所给予我们的除了各种信息外，并不能带给我们多少真实的感受。屏幕上出现一朵鲜花，我们闻不到它的芳香，更别想用手去摸它，伸出手去我们碰到的只能是硬硬的屏幕。

美国著名电影《黑客帝国》大家都看过吧，这部电影就是因为它离奇的对未来的幻想而赢得了众多的影迷。这部电影设想未来的人类可以完全生活在虚拟现实中，每个人只要躺在那里就可以感知到丰富多彩的世界。这可不可能呢？或许未来的纳米机器人会给我们答案。将纳米机器人放在大脑与所有感觉器官(即眼睛、耳朵、皮肤)的每一个神经元连接的位置，它就能够抑制所有来自真实感官的信息，并以虚拟的适当信号来替代它们。科学家预计,利用上述技术,人类将进入一个虚拟现实环境。植入人体的纳米机器人将产生替代真实感觉的感官信息流,于是创造出一个身临其境的虚拟环境。

这一技术的应用,将使我们能够与其他人(或者模拟的人)一起进行虚拟现实的体验,而无须在人脑中事先置入任何设备。不仅如此,这种虚拟现实将与现实一样真实而精细,你无须给朋友打电话,就能与之相聚在巴黎的咖啡馆,或者一同漫步在虚拟的地中海海滩。在家里打开电脑,然后躺下来攀登珠穆朗玛峰,游览金字塔,甚至进行太空旅行。

还有些科学家设计出了"实用雾"的方案。这种"实用雾"是由许多叫做"雾滴"的纳米机器人组成,每个小机器人有 12 只触手向四面八方伸出。小雾滴手臂上有抓手,可以互相抓着形成较大的结构。这些纳米机器人是智能型的,可以把各自的运算能力融合起来,形成一个分布式智能。布满小雾滴的空间被称为实用雾,而这种实用雾具有一些很有趣的特性。首先,实用雾费尽周折来模拟其自身的不存在。假如一个人走进充满实用雾的房间,房间里充满亿万颗小雾滴,可是这个人却什么也没有看见。但是当这个人希望看到什么时,小雾滴就能立即形成各种结构,模拟出任何一种景象。他可以让你看到一个公园,一片森林,或者今天的景象像一座古罗马城池,明天却又像绿宝石城。

小雾滴能产生任意想像的视觉和听觉环境。它们可以生成任意形式的压力,从而产生各种触觉环境。它们真的好像是精灵一样让人难以捉摸。现在看来这些事情好像有些不可思议,可是我们现在用的电脑在古人看来不是同样不可思议吗?说不定有一天这种精灵一样的神雾真的会出现在我们的生活中。

纳米的微型化技术

未来科技发展的趋势

2000年2月20日，科学家在美国举行的科学促进年会上宣告，尺寸为分子般大小，厚度只有一根头发丝的几百分之一的纳米机械装置将在今后数年内投入实际使用。微型化不仅袖珍美丽，玲珑剔透，而且是未来科学技术发展的趋势。纳米机械的潜在应用包括功能极其强大的计算机，密度比如今磁介质高50000倍的信息存储技术，以及可根据情况开闭孔隙的智能薄膜等。

美国加利福尼亚大学的克里斯，皮斯特已经用微型铰链、齿轮和发动机组装成一个蚂蚁大小的人造昆虫，可以在地上爬来爬去。他多年来关于微型机器人的梦想正在成为现实。

日本丰田公司已用微小的部件组装成一辆只有米粒大小、能够运转的汽车。与此同时，日本一些工程师制成了直径只有一两个毫米的静电发动机，以及体积只有普通机器百分之一，能够运转的车床。另外，还制成直径仅5.51微米的"尺蠖"——有朝一日它也许会钻进核电厂的管道系统检查管道是否有裂缝。

德国工程师制成了一架只有黄蜂大小并能升空的直升机、肉眼几乎看不见的发动机以及供化工行业使用的火柴盒大小的反应器。一架

外形似香蕉而质量不到 0.5 克的直升机,可升到 130 毫米的空中。它的制作者埃尔费尔德说:"这是个滑稽的玩意儿,但它有着不平凡的意义。这架直升机的成功飞行表明,制造高性能的微型发动机是可能的。"

美国科研人员正在研制一种微型火箭,这种火箭只需花费几百英镑就能将有效载荷送入太空。而这种微型火箭是受蚂蚁的启发而进行研制的。小小的蚂蚁可以举起相当于自身重几倍的东西。因此,研究人员认为对蚂蚁等小动物进行研究,可以找到削减太空旅行费用的方法。微型火箭的自身质量很轻,所以每一枚火箭都会有惊人的、远远超过单板大型火箭的推力质量比,因此,成批地发射微型火箭的效果将会比大型火箭好得多。美国人对已制成的一枚微型火箭的研究结果表明,这种火箭的推力质量比可以比航天飞机大 1000 倍。这种微型火箭每一枚只有半个火柴盒那样大。它采用液态氧与乙醇的混合物作为燃料,能产生约 13.2 牛的推力。这使得微型火箭的推力质量比达到 10000 以上。而通常的航天飞机的推力质量比仅为 70。制造微型火箭,通常采用与制造硅片一样的方法,即先按照设计要求对硅晶片进行蚀刻,然后把 5~6 层晶片结合到一起,从而制造出极其微小的火箭。据资助这项研究的美国航空航天局称,这种微型火箭很有可能将首先被用来帮助卫星定位。

目前,科学家正在酝酿一项颇有点儿异想天开的计划。例如,给飞机表面覆盖一层"可调谐的"微型机械折翼,而这种折翼可以感应振动,从而使飞机根据情况上升或下降,以便真正地改变机翼,使飞行更加安全和顺利。如果给潜艇表面覆盖一层微型折翼,就可使潜艇获得与飞机类似的效果。这些创新的大胆设想受到了美国国防部的重视。国防部设想了终将有一天,坦克的结构在遇到敌人火力袭击时能够通过微型机械装置而更"坚固";而安装在头盔、衣服和武器上的微型电子机械装置,不仅能监视和传送士兵的生命特征(包括脉搏、呼吸、体温和血压等)

及所处位置,而且还可以监视和传送附近敌人活动的信息。

美国贝尔实验室的戴维·毕晓普认为,微型机械的物理特性使其相当可靠,而且坚固耐用。他举例说,贝尔实验室曾使一个微型机械震动了 2000 万次而没有损坏。这主要是因为其体积小、重量轻,"如果一只苍蝇从墙上摔到地面,它不会受伤,因为它太小了。但是若换一头大象,那它无疑会受伤。"微型电子机械技术是科学家研制纳米机械的一个突破口。毕晓普说:"硅片使人们能够把 100 万个晶体管放在一块很小的地方,并使当今复杂电子装置的发展成为现实。同样道理,微型电子机械技术可以把 100 万个极小的器件集成在一块硅片上,类似于制成集成电路,这就使得人们制造纳米机械成为可能。"实际上,美国得克萨斯仪器公司已经利用微型电子机械技术研制出显示录像画面的芯片。在每块芯片表面都有成千上万个可活动的方形铝镜,这些铝镜的长度和宽度比头发丝的直径还小。芯片上的电路系统可以使每一块镜面发生倾斜,从而把光反射(或不反射)到大屏幕上。

引人注目的是,微型电子机械技术还可以大幅度降低生产成本。例如,贝尔实验室已采用微型电子机械技术来制造双向光纤通信所必需的微型光学调制器。通过这种巧妙的光刻技术制造的芯片,每块成本只需几美分,而过去则要花费 5000 美元。这其中的奥妙在于加工一块硅片的成本约为 1000 美元,但如果掌握了在这块硅片上装配 1000 个微型调节器的技术,然后再把它们分开,那么每块硅片的成本只需要 10 美分了。

随着微型电子机械技术的不断发展,微型化的趋势正在进一步变成现实。例如,科学家已研制出被称为"微型空中工具"的超小型飞机,其长约为 20 厘米,重约 90 克,飞行时间长 20~30 分钟,机上的传感器可以将捕捉到的信息传送出去。

微型武器

　　人们利用微型化技术研制像昆虫一样的微型武器，如外形和大小酷似蝴蝶、苍蝇、蟑螂、蜻蜓和壁虎等昆虫的侦察机器人武器，以及形状像螃蟹和鱼的侦察、攻击武器等。这些模拟昆虫的微型电子机械武器，可以涉入侦察卫星、大型侦察飞机无法进行侦察的敌方司令部、秘密基地、兵工厂、元首办公室和内阁会议室，开展神出鬼没的侦察活动，甚至直接攻击目标。美国为了将模拟昆虫的侦察机器人武器投入使用，正在积极进行各项研究工作。如果进展顺利，在今后5年内可以将初步的模拟昆虫的侦察机器人武器投入实战使用。

　　然而目前还面临种种难题。例如，通常使用飞行器大都利用螺旋桨和旋转机翼飞行的。但为了不让敌人发现，最好是像真正的昆虫那样振翅飞行。可是，如果在飞行中发出声响，就会立刻被敌方发觉。如何做到像昆虫那样默默无声地飞行，是研制工作面临的一大难题。再如，微型武器的传送天线也是一个重要的研究课题。通常来说，天线和传感器越小，其性能就越低。为了使天线尽可能大一些，研究人员对蜻蜓产生了兴趣。这样就可以将天线安装在眼睛部位。此外，研究人员希望能够开发出像昆虫触角那样大小的天线。研制微型武器面临的另一个课题是动力。美国国防部认为，提供充分电力的小型燃料电池的实用化可能是很久以后的事情，而把整个"昆虫的翅膀"作为高性能太阳能电池是一种可能的选择。目前，美国麻省理工学院正在研制像衬衫纽扣那样大小的喷气发动机。这种发动机一旦实用化，就会产生很大的动力。然而，如何消除这种发动机的噪音和解决目前燃料只能使用20分钟左右的问题，也是面临的课题之一。

研制微型武器，从技术难度来说，制造在地上爬的昆虫比在空中飞的昆虫更容易些。因此，美国新墨西哥州的桑迪亚国家实验室正在研制数厘米到数毫米大小的昆虫机器人，将主要用于侦察敌对国的储藏核武器和生物化学武器的设施，以及生产工厂的内部情况。由于这种微型昆虫机器人体积小，通常只具有一种探测能力，因而需要大量部署这种微型机器人武器，通过互相协作以弥补性能上的不足。也就是说，通过派遣很多有分析判断能力的各种昆虫机器人，并通过综合各自传送来的数据，以确定侦察的那个地方是生物化学武器工厂还是肥料工厂。

在使用这种微型昆虫机器人武器时，工作人员可先在作为目标的设施附近设置外形伪装成为砖头或岩石等的控制主机。根据预先制定的计划，微型昆虫机器人武器依靠自己的力量接近目标。它一旦达到目标，即使是很小的缝隙也可以潜入，并将探测到的数据传输给"主机"或者传输给从上空经过的人造卫星。完成了工作任务的微型昆虫机器人武器便回到"主机"，由工作人员收回。当然，也可以从空中撒布更加小型的侦察机器人去探测目标，从而获得更多更准确的探测数据。假若发现在海岸附近有可疑设施，就可使用螃蟹状的侦察机器人从海上登陆，侦察可疑设施的内部情况。如果目标位于沙漠之中，那么就会有微型蝎子形机器人武器出现，在荒漠中发挥它的独特侦察本领。

当前，有的微型侦察机器人显然个头稍大，与真正的微型昆虫机器人相去甚远，但侦察本领十分出色，而且今后将逐渐微型化。例如，美国洛克希德—马丁公司正在研制中的全长 20 厘米左右的侦察机器人，可作为士兵的"眼睛"在 50 米高的上空收集各种各样的情报。如果对它稍加伪装，不仅肉眼看不到，就连雷达也难以探测到它。它探测到的情报和数据很快被送往士兵所携带的膝上型个人计算机或者护目镜上，士兵可以一边看鸟瞰图，一边继续战斗。另外，该公司还在对研制的像海鸥那样大小的侦察机器人进行实验。结果表明，这种微型侦察机器人的性能与10年前的无人驾驶侦察机不相上下。

引人注目的是，其他国家还研制成酷似空棘鱼和海蜇的攻击和截击用微型机器人武器。如果给这种鱼状微型机器人安装上炸药，就可能用来攻击停泊在军港的敌潜艇。敌潜艇可能警惕对方的反潜侦察机及其发射的鱼雷，却意想不到会受到在海湾内游弋的"鱼"的攻击。虽然装载在鱼状微型机器人上的炸药数量很少，根本无法与鱼雷相比。但是，没有必要将敌舰艇击沉，因为这种机器人武器能对敌舰艇上的"耳目"——声呐等重要部位进行一发必中的攻击，破坏部分零部件，从而足以推迟其参加作战的时间。

在不久的将来，各种形状的超小型侦察机器人武器将会从空中、地面和水中前往敌军驻地和战场进行作战，犹如科幻小说所描绘的那样，显示出微型化机器人武器的无比威力。

 ## 前程似锦的微型化

目前，微型化机械的研究开发正在世界各国积极地开展起来。德国显微技术研究所的埃尔费尔德研制出黄蜂一样大的直升机和与直升机配用的微型发动机。他认为这种只有削尖了的铅笔头大小、每分钟转速高达10万转的发动机，有可能用于电子显示器、手表、摄录机和激光扫描器等许多器械和装置，但最先可能用于显微手术仪器方面。

把微型铰链、齿轮和发动机组装成蚂蚁大小的人造昆虫的皮斯特也看到了这种人造蚂蚁的发展前景。目前的民用电子产品中的微小部件往往还是手工组装的，因为目前所用的自动设备还不能完成这类工

作,但对于人造昆虫来说,则是轻而易举的事。皮斯特认为,微型机械在医学方面也有着广阔的应用前景。他希望与其他研究人员合作,研制出宽度只有几毫米的人造手,可以把它安装在内窥镜中插入病人体内。这个小小的机械手就可以在虚拟手套中模仿医生的手的动作,为病人做手术。

日本东京大学的三浦广文正在研制飞行高度可达几厘米的微型昆虫。他认为,人们有必要像控制牛和马那样控制和利用昆虫。但实际上,人们是不能控制真正昆虫的。因此,我们希望研制出一种人造昆虫,而这种人造昆虫可以按照人们的意愿进行控制。这样就可以利用这种微型昆虫对温室里的花朵进行人工授粉,并可杀死吃庄稼的害虫。现在三浦广文制造的微型昆虫只有在实验室的交变磁场中才能起飞。这是因为交变磁场可使宽度仅为 0.2 毫米的人造昆虫的镀镍翅膀扇动起来,从而带动动微型昆虫升空。这种人造昆虫距实际应用还有相当远的距离。因此,还必须为人造昆虫设计更实用的方案,使它能在不同条件下按照人们的要求飞行。

随着科学技术的不断发展,科学家研制的机器将越来越小,而它们的本领却毫不逊色。科学家在研制微型机械时将会发现,他们想将大型装置的物理特性想当然地移植到微型机械中,这当然是行不通的。这正像美国工程师皮斯特所说的那样:当你把每个部件都缩小后,体积和重量等几乎微不足道,但这时表面张力和摩擦力等就显得极为重要,甚至起着首要作用。实际上,这样的情况已经出现,这已成为微型机械设计成败的关键。例如,日本丰田公司设计研制的米粒大小的汽车,由于汽车的重量太轻和车轮过小,车辆和地面之间的摩擦力几乎产生不了足够的牵引力,结果汽车难以开动起来。这个实例对科研人员来说,应该引以为戒。

纳米与摩尔定律

　　1965年，年轻的科学家、美国仙童半导体公司研究部主任戈登·摩尔大胆预言：电脑芯片中含有的电子元件的数目将以极快的速度增加。摩尔认为，新技术新工艺将不断提高芯片的集成密度和运行速度，大约每隔18个月，芯片中晶体管的集成数将翻一番，微处理器的速度将提高一倍。摩尔预测的芯片内晶体管数量增长的规律，后来被人们奉之为"摩尔定律"。

　　当时，戈登·摩尔的预测真是不可思议，而且听起来近乎妄言，因此并没有引起大家太多的注意。随着岁月的流逝，电子工业的发展反复印证了摩尔预言是正确的，甚至可以说是非常准确的。在芯片的发展历程中，1965年，世界上最复杂的芯片可以集成64个晶体管，1969年的4004芯片发展到2300个，1982年的80286发展到10万个，1993年的奔腾芯片增长到300万个，1999年的奔腾三代已经增长到了950万个。英特尔公司最近宣布，2010年集成度将达到10亿个。不可否认的是，摩尔定律不仅正确地预测了芯片的发展速度和运行速度，而且无形中对世界电子工业的飞速发展起到了不可磨灭的鼓舞和推动作用。

　　15年前，曾经有些科学家对摩尔定律产生过怀疑，但是，在芯片的发展历程中，他们的怀疑却一再被事实所否定以至于显得有些自讨没趣。现在摩尔定律早已被世界电子业界奉为了金科玉律。人们对摩尔定律今后是否继续灵验保持沉默，倒是摩尔自己站出来发言了。1995年，

在一次国际性学术会议上,摩尔先生在回顾了芯片发展历史后认为,摩尔定律是否继续灵验值得怀疑。

摩尔认为,微处理器芯片如果要继续保持摩尔定律所定的速度发展,实践中将会遇到许多的困难和技术问题,而最主要的问题是制造高性能芯片的投入成本将会大幅增加。摩尔的理由是,芯片的制造工艺已经变得越来越复杂,其制造费用也越来越昂贵。摩尔说得不无道理,以英特尔公司为例,1968 年公司刚创建时,制造芯片所投入的全部设备总价值仅为 1 万美元左右,而目前英特尔公司每投入一种新型芯片的生产设备,其投资额都达 15 亿~30 亿美元,而 5 年后将达到 50 亿美元,制造商的资金投入正在以比收入回报快得多的速度增长,技术前进的步伐正在受到高额投入的限制。摩尔认为,在未来的 10 年内,翻一番的速度会下降,可能会慢一半左右,翻一番的时间将会是 3 年而不是 18 个月,看来摩尔自己在判摩尔定律的"死刑"!

初听起来,摩尔的说法使人觉得有些不着边际,但是我们不要忘了,1965 年摩尔定律刚提出来时,不也是使当时的人们觉得不着边际吗?再过若干年,历史会不会再次证明摩尔的观点?

在高新技术领域,新产品开发的高成本、工厂设施天文数字股的巨额投资,会使多数大公司不愿意也不可能加入芯片生产的竞争。不仅如此,许多技术上的难题也日益显现出来。美国半导体工业协会多年来一直是对摩尔定律的前景持乐观态度的,但现在似乎也变得谨慎起来。他们不得不承认,目前新型的芯片里密密麻麻排列的晶体管之间的距离,已经小到 180 纳米。按照摩尔定律进行推算,到 2005 年,将减小到 100 纳米,要达到这样的排列密度,必须尽快解决传统技术、传统材料难以逾越的难题。英特尔公司的研究人员也认为,如果在技术上不能迅速找到可行的解决方案,那么,摩尔定律的命运将是在劫难逃。当然,我们也可以听到不同的声音，2000 年 10 月 11 日，IBM 公司的一位副董事长乐观地宣称，摩尔定律至少在今后 10 年内光彩依旧，其理由是技术难题完全可以被攻克。

看来，摩尔定律是否能一如既往地光彩照人，将取决于两个方面：一、巨额投入的增加与投资回报比率减少的反差问题能否得到解决，搬掉投资方面的绊脚石；二、专家们是否能研究开发出更多、更有效的新工艺、新设备和新材料，打掉技术上的拦路虎。

世纪之交，神话一样灵验了几十年的摩尔定律，正在经历一次里程碑式的"生死考验"，纳米技术能否挽救摩尔定律呢？

纳米芯片

2002 年 7 月份，曾在几年前宣布摩尔定律死刑的这一定律的创始人戈登·摩尔接受了记者的采访。不过，这次他表现得很乐观，他表示："芯片上晶体管数量每 18 个月增加一倍的速度虽然目前呈下降趋势，但随着纳米技术的发展，未来摩尔定律依然会继续生效。"看来，摩尔本人也把希望放到了纳米技术上。下面就让我们来看看纳米技术怎样制造纳米芯片。

我们知道目前的计算机芯片是用半导体材料做的。20 世纪可以说是半导体的世纪，也可以说是微电子的世纪，微电子技术是指在半导体单晶材料(目前主要是硅单晶)薄片上，利用微米和亚微米精细结构技术，研制由成千上万个晶体管和电子元件构成的微缩电子电路(称为芯片)，并由不同功能的芯片组装成各种微电子仪器、仪表和计算机。芯片可以看作是集成电路块。集成电路块从小规模向大规模发展的历程，可以看作是一个不断向微型化发展的过程。20 世纪 50 年代末发展起来的小规模集成电路,集成度(一个芯片包含的元件数)为 10 个元件;20 世纪 60 年代发展成中规模集成电路,集成度为 1000 个元件;20 世纪 70 年代又发展了大规模集成电路,集成度达到 10 万个元件;20 世纪 80 年代更发展了特大规模集成电路,集成度超过 100 万个元件。1988 年,美国国际商用机器公司(IBM)已研制成功存储容量达 64 兆的动态随机存储器,集成电路的条宽只有 0.35 微米。目前实验室研制的新产品为 0.25 微米,并向 0.1 微米进军。到 2001 年已降到 0.1 微米,即 100 纳米。这是电子技术史上的第四次重大突破,今天芯片的集成度已进一步提高到 1000 万个元件。集成电路的条宽再缩小,将出现一系列物理效应,从而限制了微电子技术的发展,为了解决这个挑战,已经提出纳米电子学的概念。这一现象说明了:随着集成电路集成度的提高,芯片中条宽越来越小,因此对制作集成电路的单晶硅材料的质量要求越来越高,哪怕是一粒灰尘也可能毁掉一个甚至几个晶体管,这也是为什么摩尔本人几年前宣判摩尔定律"死刑"的原因。

据有关专家预测,在 21 世纪,人类将开发出微处理芯片与活细胞相结合的电脑。这种电脑的核心元件就是纳米芯片。芯片是电脑的关键器件。生命科学和材料科学的发展,科学家们正在开发生物芯片,包括蛋白质芯片及 DNA 芯片。

蛋白质芯片,是用蛋白质分子等生物材料,通过特殊的工艺制备成超薄膜组织的积层结构。例如把蛋白质制备成适当浓度的液体,使之在水面展开成单分子层膜,再将其放在石英层上,以同样方法再制备一层有机薄膜,即可得到 80~480 纳米厚的生物薄膜。这种薄膜由两种有机物薄膜组成。当一种薄膜受紫外光照射时,电阻上升约 40%左右,而用可见光照射时,又恢复原状。而另一种薄膜则不受可见光影响,但它受到紫光照射时,电阻便减少 6%左右。据介绍,日本三菱电机公司把两种生物材料组合在一起,制成了可以光控的新型开关器件。这种薄膜为进一步开发生物电子元件奠定了实验基础,并创造了良好的条件。

这种蛋白质芯片,体积小、元件密度高,据测每平方厘米可达 10^{15} ~ 10^{16} 个,比硅芯片集成电路高上万倍,表明这种芯片制成的装置其运行速度要比目前的集成电路快得多。由于这种芯片是由蛋白质分子组成的,在一定程度上具有自我修复能力,即成为一部活体机器,因此可以直接与生物体结合,如与大脑、神经系统有机地连接起来,可以扩展脑的延伸。有人设想,将蛋白质芯片植入大脑,将会出现奇迹。如视觉先天缺陷或后天损伤可以得到修复,使之重观光明等。

虽然目前生产与装配上述分子元件还处于探索阶段,而且天然蛋白质等生物材料不能直接成为分子元件,必须在分子水平上进行加工处理,这有很大难度,但前途是光明的。据介绍,日本已制定了开发生物芯片的10 年计划,政府计划投入 100 亿日元做各项研究。世界上一些大公司,如日立、夏普等都看好生物芯片的前景,十分重视这项研究工作。

人的大脑约有 140 亿个神经细胞,掌管着思维、感觉及全身的活动。虽然电脑已面世多年,但其精细程度和人脑相比,仍然差一大截。为了使电脑早日具有人脑的功能和效率,科学家近年致力研究开发人工智能电脑,并已取得不少进展。人工智能电脑是以生物芯片为基础的。生物芯片有多种,血红蛋白集成电路就是新型的生物芯片之一。

美国生物化学家詹姆士麦克阿瑟,首先构想把生物技术与电子技术结合起来。他根据电脑的二进制工作原理,发现血红蛋白也具有类似"开"和"关"的双稳态特性。当改变血红蛋白携带的电荷时,它会出现上述两种变化,这就有可能利用生物的血红蛋白构成像硅电子电路那样的逻辑电路。麦克阿瑟首先利用生物工程的重组 DNA 技术,制成了血红蛋白"生物集成电路",使研制"人造脑袋"取得了突破性进展。此后,

生物集成电路的研究便逐步展开。美国科学家在硅晶片上重组活细胞组织获得成功。它具有硅晶片的强度,又有生物分子活细胞那样的灵活和智能。德国科学家所研制成的聚赖氨酸立体生物晶片,在1立方毫米晶片上可含100亿个数据点,运算速度更达到10皮秒 (一千亿分之一秒),比现有的电脑快近100万倍。

DNA芯片又称基因芯片,DNA是人类的生命遗传物质脱氧核糖核酸的简称。因为DNA分子链是以ATGC(A—T、G—C)配对原则的,它采用一种叫做"在位组合合成化学"和微电子芯片的光刻技术或者用其他方法,将大量特定顺序的DNA片段,有序地固化在玻璃或者硅片上,从而构成储存有大量生命信息的DNA芯片。DNA芯片,是近年来在高新科技领域出现的具有时代特征的重大技术创新。

每一个DNA就是一个微处理器。DNA计算速度是超高速的,理论上计算,它的运算速度每小时可达10^{15}次数,是硅芯片运算速度的1000倍。而且,DNA的存储量是很大的,每克DNA可以储存上亿个光盘的信息。不过,目前的主要难点是解决DNA的数据输出问题。

DNA芯片有可能将人类的全部约8万个基因集约化地固定在1平方厘米的芯片上。在与待测样品的DNA配对后,DNA芯片即可检测出大量相应的生命信息。例如寻找基因与癌症、传染病、常见病和遗传疾病的关系,进一步研究相应药物。目前已知有6000多种遗传病与基因相关,还有环境对人体的影响,例如花粉过敏和对环境污染的反应等都与基因有关。已知有200多个与环境影响相关的基因,对这些基因的全面监测,对生态、环境控制及人类健康均有重要意义。

DNA芯片技术既是人类基因组研究的重要应用课题,又是功能基因研究的崭新手段。例如单核苷酸的多态性,是非常重要的生命现象,科学家认为,人体的多样性和个性取决于基因的差异,正是这种单核苷

酸多态性的表现,如人的体形、长相与 500 多个基因相关。通过 DNA 芯片,原则上可以断定人的特征,甚至脸形、长相、外貌特点,生长发育差异等。"芯片巨人"英特尔公司于 2000 年 12 月公布,英特尔公司用最新纳米技术研制成功 30 纳米晶体管芯片。这一突破将使电脑芯片速度在今后 5~10 年内提高到 2000 年的 10 倍,同时使硅芯片技术向物理极限更近一步。新型芯片的运算速度已达目前运算速度最快芯片的 7 倍。它能在子弹飞行 30 厘米的时间内运算 2000 万次,或在子弹飞行 25 毫米的时间内运算 2130 万次。晶体管门是计算机芯片进行运算的开关,新芯片是以 3 个原子厚度的晶体管"门"为基础,比目前计算机使用的 180 纳米晶体管薄很多。要制造这种芯片的障碍是控制它产生的热量。芯片的运行速度越快,产生的热量就越多。过多的热量会使制造计算机芯片所用的材料受到损坏。英特尔公司经过了长期的研究,解决了这一问题。这种原子级晶体管是用新的化学合成物制成的,这种新材料可以使芯片在运行时温度不会过高。这种芯片的出现将为研制模拟以人的方式,可以和人进行交流的电脑创造条件。英特尔公司说,他们开发出的这种迄今世界上最小最快的晶体管,厚度仅为 30 纳米。这将使英特尔公司可以在未来 5~10 年内生产出集成有 4 亿个晶体管、运行速度为每秒 10 亿次,工作电压在 1 伏以下的新型芯片。而目前市场上出售的速度最快的芯片奔腾 4 代集成了 4200 万个晶体管。英特尔公司称,用这种新处理器制造的产品最早将在 2005 年以后投放市场。

英特尔公司的一位工程师说:"30 纳米晶体管的研制成功使我们对硅的物理极限有了新看法。硅也许还可以使用 15 年,此后会有什么材料取代硅,那是谁也说不准的事。"他又说:"更小的晶体管意味着更快的速度,而运行速度更快的晶体管是构筑高速电脑芯片的核心模块,电脑芯片则是电脑的'大脑'。"

英特尔公司预测，利用 30 纳米晶体管设计出的电脑芯片可以使"万能翻译器"成为现实。比如说英语的人到中国旅游，就可以通过随身携带的翻译器，将英语实时翻译成中文，在机场、旅馆或商店不会有语言障碍。在安全设施方面，这种芯片可以使警报系统识别人的面孔。此外，将来用几千元人民币就可以买一台高速台式电脑，其运算能力可以跟现在价值上千万元的大型主机媲美。

单位面积上晶体管的个数是电脑芯片集成度的标志，晶体管数量越多，说明集成度越高，而集成度越高，处理速度就越快。30 纳米晶体管将开始出现在用 0.07 微米技术产品上，目前英特尔公司使用的是 0.18 微米技术，而 1993 年的"奔腾"处理器使用的是 0.35 微米技术。在芯片上"刻画"电路，0.07 微米技术用的是超紫外线光刻技术，比 2001 年最先进的深紫外线光刻技术更为先进。如果在纸上画线，深紫外线光刻使用的是钝铅笔，而超紫外线光刻使用的是削尖了的铅笔。

晶体管越来越小的好处主要有两方面：一是可以用较低的成本提高现有产品性能；二是工程师可以设计原来不可能的新产品。这两个好处正是推动半导体技术发展的动力，因为企业提高了利润，就有可能在研发上投入更多。看来，纳米技术的确可以延长摩尔定律的寿命，这也正是摩尔本人和众多技术人员把目光放到纳米技术之上的原因所在。

纳米超级电脑

纳米技术不但能使传统的微加工技术达到更高的程度，同时这项技术本身正试图以一种与以往不同的方法来制造电子元件。传统的制造方法都在努力把大的东西做小，而纳米技术却要从底部出发，即由极小的分子元件组装成大的器件。这种由小到大的方法被认为是未来的

发展方向,下面就让我们看看纳米技术是如何打造超级电脑的。

分子计算机

现代的电子计算机是根据二进制的原理制造的,就是说计算计内所有的数据指令都是以二进制表达的。

什么是二进制呢?我们通常使用的计数方式是十进制,用的是 0~9 这 10 个数字来表示数的大小,而二进制只用 0 和 1 这两个数字来表示数。大家知道这个就可以了,以后有机会还可以学到更多关于二进制的问题。二进制数用在计算机中进行加减乘除的运算非常方便。一个晶体管可以用两种状态,即打开和关闭,用打开状态代表 1,用关闭状态代表 0。分子中的化学键也可以有链接和断开两种状态。可不可以利用分子中化学键的开和关制造分子大小的开关,进而制造计算机呢?

美国加利福尼亚大学洛杉矶分校的科学家就发明了一种新型分子开关,使分子计算机又向前迈进了一步。这一发明被选为"2000 年世界十大科技进展"之一。

据报道,这种分子开关非常的细,以一种叫套环烃的物质为基础制成。它包括衔接在一起的两个小环,每个小环由原子连接而成。这两个小环以互锁的方式衔接,类似于一小段链条。每个小环上都有两个叫做"识别位置"的结构,它们能够相互发生电化学作用。

现有的计算机基于二进位制,以晶体管的开和关状态来表示二进制的 0 和 1。分子开关则有特殊的开和关状态。当一个电脉冲通过套环烃分子时,其中一个环失去一个电子并绕另一个环转动,这时分子开关处于"开"状态。失去电子的环重新得到原来的电子,则使开关处于"关"状态。套环烃开关能够反复被打开和关闭,且能在常温和固态下工作。

实现分子开关的"开"和"关"状态,相当于制造出了用于电子计算机的最简单的逻辑门。逻辑门是现有计算机中央处理器工作的基础。

接下来,科学家们还需要研制出合适的导线,以将分子开关连接起来,并通过整体设计将其开发成计算机元件。他们认为纳米碳管有可能是理想的导线材料。

领导该项研究的科学家詹姆斯·希斯认为,将来的分子芯片有可能可以做到只有尘埃或沙粒那么大。由这种芯片制成的计算机有可能被编织到衣服里。

2001年7月,一群惠普公司和洛杉矶加州大学的研究人员在报告中说,他们已成功制造了厚度仅相当于一粒分子的初步电路逻辑闸。而目前,其他小组如耶鲁大学和里斯大学的研究者们也准备宣布他们已成功制造了这种分子电路的其他基本计算部件。据他们说:他们已迈出重要的一步,超过了惠普和洛杉矶加州大学的研究者们。

在7月份的示范中,那个分子闸可移入"开"或"关"的位置,但不能返回原位。但是耶鲁和里斯大学的研究小组说,他们能够控制分子闸的开关,这是表述0和1的必要步骤。惠普实验室的科学家说他们在制造宽度少于12个原子的传导电线组中迈出了重要的一步,这是把分子开关连结起来的决定性步骤,有朝一日,它可使电脑的运算速度比现在快许多倍。

据悉,某些在高度保密环境下工作的实验室,正在其他方面取得进展。其中一个实验室正在研制一种分子装置,它可储存随机存取数据。

如果成功制造出分子记忆装置,将来只需花费几美元费用,就可获得巨大的贮存容量。一项近期可实施的应用方式,可能是把整部具有数码影碟质量的电影,储存在一个比普遍半导体芯片还小很多的空间里。在2~5年内,将会看到具有实用功效并投入运作的电路。

分子计算机运行所需的电力比现有计算机大大减少，这将使它的功效达到日前硅芯片计算机的百万倍。而且，分子计算机能够安全保存大量数据，使用它的用户可不必进行文件删除工作也可保持可用空间。此外，分子计算机还有希望免受计算机病毒、系统崩溃和碰撞等故障的影响。

光子计算机

1990 年，美国的贝尔实验室推出了一台由激光器、透镜、反射镜等组成的电脑。这就是光子计算机的雏形。光子计算机又叫光脑。电脑是靠电荷在线路中的流动来处理信息的，而电脑则是靠激光束进入由反射镜和透镜组成的阵列来对信息进行处理的。与电脑相似的是，光脑也靠产生一系列逻辑操作来处理和解决问题。

电脑的功率取决于其组成部件的运行速度和排列密度，光子在这两个方面都很理想。光子的速度即光速，为每秒 30 万千米，是宇宙中最快的速度，激光束对信息的处理速度可达现有半导体硅器件的 1000 倍。光子不像电子那样需要在导线中传播，即使在光线相交时，它们之间也不会相互影响，并且在不满足干涉的条件下也互不干涉。光束的这种互不干涉的特性，使得光脑能够在极小的空间内开辟很多平行的信息通道，密度大得惊人。一块截面为 5 分硬币大小的棱镜，其通过能力超过全球现有电话电缆的许多倍。贝尔实验室研制成功的光学转换器，在印刷字母 O 中可以装入 2000 个信息通道。因此，电子工程师们早就设想在电脑中使用光子了。

光脑的许多关键技术，如光存储技术、光互联技术、光电子集成电路等目前都已获得突破。光脑的应用将使信息技术发展产生飞跃。

生物计算机

电脑的性能是由元件与元件之间电流启闭的开关速度来决定的。科学家发现，蛋白质有开关特性，用蛋白质分子做元件制成的集成电路，称为生物芯片。使用生物芯片的计算机称为生物计算机。已经研制出利用蛋白质团来制造的开关装置有：合成蛋白质芯片、遗传生成芯片、红血素芯片等。

用蛋白质制造的电脑芯片，在 1 平方微米面积上可容纳数亿个电路。因为它的一个存储点只有一个分子大小，所以存储容量可达到普通电脑的 10 亿倍。蛋白质构成的集成电路大小只相当于硅片集成电路的 10 万分之一，而且运转速度更快，只有 10~11 秒，大大超过人脑的思维速度；生物电脑元件的密度比大脑神经元的密度高 100 万倍，传递信息速度也比人脑思维速度快。

生物芯片传递信息时阻抗小，耗能低，而且具有生物的特点，具有自我组织和自我修复的功能。它可以与人体及人脑结合起来，听从人脑指挥，从人体中吸收营养。把生物芯片植入人的脑内，可以使盲人复明，使人脑的记忆力成千上万倍地提高；若是植入血管中，则可以监视人体内的化学变化，可以预防各种疾病的发生。

美国已研究出可以用于生物电脑的分子电路，它由有机物质的分子组成，只有现代电脑电路的千分之一大小。

生物电子技术是巧妙地将生物技术与电子技术融合在一起而产生的一种新技术。它利用微电子技术及生物技术，使 DNA 分子之间可以在某种酶的作用下瞬间完成生物化学反应，从一种种基因代码变成另一种基因代码。反应前的基因代码可作为输入数据，反应后的基因代码

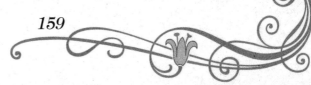

可以作为运算结果。如果控制得当,那么就可以利用这种过程制成一种新型电脑。DNA 电脑运算速度快,它几天的运算量就相当于目前世界上所有计算机问世以来的总运算量。此外,它的存储容量非常大,超过目前所有计算机的存储容量。再有,DNA 电脑所耗的能量极低,只有一台普通电脑的十亿分之一。

生物电脑是人们多年来的期望。有了它可以实现现有电脑无法实现的模糊推理功能和神经网络运算功能,是智能计算机的突破口之一。一些科学家认为,这种新型电脑将很快就能取得实质性进展。

 # 量子计算机

2000 年,IBM 公司宣布研制出利用 5 个原子作为处理器和存储器的量子计算机,即量子电脑。

按摩尔定律,电脑处理器正在变得越来越小,其功能则正在变得越来越强。但是,目前的处理器制造方式预料会在今后 10 年左右达到极限。现在使用的平版印刷技术无法制造出分子大小的微器件,这促使研究人员尝试利用基因链或通过开发其他微型技术来制造电脑。

量子计算机是一种基于原子所具有的神秘量子物理特性的装置,这些特性使得原子能够通过相互作用起到电脑处理器和存储器的作用。量子计算机的基本元件就是原子和分子。IBM 的这台量子计算机被认为是朝着具有超高速运算能力的新一代计算装置迈出的新的一步。它可以用于诸如数据库超高速搜索等方面,还可以用于密码技术上,即密码的编制和破译。IBM 公司利用这台量子电脑样机解决了密码技术中的一个典型的数学问题,即求解函数的周期。它可以一次性地解决这一问题的任何例题,而常规电脑需要重复数次才能解决这样的问题。

微电子技术面临挑战,但传统的制造业在挑战面前并不气馁,仍在不断地探索解决问题的新途径。美国电话电报公司的贝尔研究室于1988年研制成功了隧道三极管。这种新型电子器件的基本原理是在两个半导体之间形成一层很薄的绝缘体,其厚度为1~10纳米之间,此时电子会有一定的概率穿越绝缘层。这就是量子隧道效应。一层超薄的绝缘层好像是大山底下的一条隧道,电子可以顺利地从山的这边穿到山的那边。由于巧妙地应用了量子隧道效应,所以器件的尺寸比目前的集成电路小100倍,而运算速度提高1000倍,功率损耗只有传统晶体管的十分之一。显然,体积小,速度快,功耗低的崭新器件,对超越集成电路的物理限制具有重大意义。随着研究工作的深入发展,近年科学家已研制成功单电子晶体管,只要控制单个电子就可以完成特定的功能。

在过去短短几十年中,硅芯片走过一条高速成长之路。30纳米晶体管技术将使硅芯片可以容纳4亿个晶体管。但这种增长不可能永远持续下去。因为,硅芯片将很快走向终结、谁会成为传统的硅芯片电脑的终结者?目前科学家看好光电脑、生物电脑和量子电脑,其中又以量子电脑呼声最高。

光电脑利用光子取代电子进行运算和存储,它用不同波长的光代表不同数据,可快速完成复杂计算。然而要想制造光电脑,需要开发出可用一条光束控制另一条光束变化的光学晶体管。现有的光学晶体管庞大而笨拙,用其制造台式电脑,将有一辆汽车那么大,因此,光电脑短期内进入实用阶段很难。

DNA(脱氧核糖核酸)电脑是美国南加州大学阿德勒曼博于1994年提出的奇思妙想,他提出通过控制DNA分子间的生化反应来完成运算。

DNA是生物遗传的物质基础,它通过4种核苷酸的排列组合存储生物遗传信息。将运算信息排列于DNA上,并通过特定DNA片段之间的相互作用来得出运算结果,是DNA计算机工作的主要原理。

阿德勒曼教授是 DNA 计算机研究领域的先驱。他于 1994 年在实验中演示，DNA 计算机可以解决著名的"推销员问题"，首次论证了这种计算技术的可行性。"推销员问题"用数学语言来说，是求得在 7 个城市间寻找最短的路线，这一问题相对简单，心算就可以给出答案。

　　但这次阿德勒曼教授用 DNA 计算机演示的新问题难度就大多了，靠人脑的计算能力基本无法处理，这个问题可以形象化地表述如下：假设你走进一个有 100 万辆汽车的车行，想买一辆称心的车。你向销售员提出了一大堆条件，如"想买一辆 4 座和自动挡的"，"敞篷和天蓝色的"，"宝马车"等，加起来多达 24 项。在整个车行中，能满足你所有条件的车只有一辆。从理论上说，销售员必须一辆辆费劲地找。传统的电子计算机采用的就是这种串行计算的办法来求解。

　　阿德勒曼等设计的 DNA 计算机则对这一问题进行了并行处理。他们首先利用 DNA 片段编码了 100 万种可能的答案，然后将其逐一通过不同容器，每个容器都放入了代表 24 限制条件之一的 DNA 每通过一个容器，满足特定限制条件的 DNA 分子经反应后被留下，并进入下一个容器继续接受其他限制条件的检验，不满足的则被排除出去。

　　从解决这个问题的过程中可以看出，理论上，DNA 计算机的运算策略和速度将优于传统的电子计算机。阿德勒曼教授说，虽然他们的新实验进一步提高了 DNA 计算机模型的运算能力，但总的来说，DNA 计算机错误率还是太高；要真正超越电子计算机，还需要在 DNA 大分子操纵技术等方面有大的突破。而且目前流行的 DNA 计算技术都必须将 DNA 溶于试管液体中。这种电脑由一堆装着有机液体的试管组成，神奇归神奇，却也很笨拙。这一问题得不到解决，DNA 电脑在可以预见的未来将难以取代硅芯片电脑。与前两者相比，量子电脑前景似乎更为光明。一些科学家预言，量子电脑将从新一代电脑研制热潮中脱颖而出。

　　中国科技大学量子电脑研究专家也提出了与此类似的观点，将量子形容为一种"玄而又玄"的东西，提出了一个比喻：如果一只老鼠准备绕过一只猫，根据经典物理理论，它要么从左边、要么从右边穿过。而根据量子理论，它可以同时从猫的左边和右边穿过。量子这种常人难以理解的特性使得具有 5000 个量子位的量子电脑，可在约 30 秒内解决传统超级电脑要 100 亿年才能解决的大数因子分解问题。由于意识到量子电脑问世后将对电脑及网络安全构成巨大冲击，美国科研机构正在密切关注量子电脑的进展。不少国家从国家利益出发，正在量子电脑研究领域展开激烈的角逐。

　　以日本为例，日本邮政省于 2000 年决定增加量子信息技术的研究投入，预计到 2010 年将达到 400 亿日元。按照日本邮政省的预计，量子信息技术将在 2030 年步入实用化阶段。2000 年，量子电脑研究捷报频传。先是中国科学院知识创新工程开放实验室成功研制出 4 个量子位的演示用量子电脑。之后，美国 IBM 公司又推出 5 个量子位的演示用量子电脑。印度科学家也在紧锣密鼓地开展此项研究，印度国家研究所的科学家说，量子电脑将于 2005 年问世。在美国加州理工学院，科学家们甚至已经在从事量子因特网的研究。

　　量子电脑虽然威力无比，妙不可言，但要真正为人类造福还需耐心期待。由于量子电脑的原理与构造和传统计算机截然不同，科学家的研制工作几乎是从零开始，十分艰难。而量子电脑运行时所需的绝对低温、原子测控等苛刻条件更使这种，"魔法"般玄妙的神物目前不可能像个人电脑机一样走入寻常百姓家。但我们也不必失望，几十年以后，当量子电脑走出实验室，真正可以实际应用时，普通人完全可以通过互联网访问远程的量子主机，指挥它干这干那，共享这项神奇的发明。

　　可以预料，虽然量子电脑距离实用化还有很长的一段路要走，但它取代硅芯片电脑可能只是时间问题。

人体与纳米电脑

穿着笔挺的黑西装,体内有着通过手术植入的硅芯片,这或许是许多电脑科幻迷心中常有的一种浪漫的想像。这些信息时代的弄潮儿勇敢地面对新技术的出现,相信纳米科技的发展会很快实现他们这一愿望。

科学家在研究 DNA 的特性时发现:这些特性不仅能用于储存信息, 还能用于构成电脑集成电路的其他部件。其中一种特性就是自组装,即互补的 DNA 分子能够识别并在溶液中结合在一起。此外,DNA 链也许还能像微小的线路一样导电。英国剑桥大学的贾尔斯·戴维斯说:"也许我们能用选择性自组装和分子识别来制造 DNA 电路。"戴维斯即将开始一项研究:研究不同化学顺序的 DNA 链导电能力。

利用生物分子技术来开发新式电脑技术的一个意义在于:生物分子装置会比硅装置更能与人体相容。很容易想像,以 DNA 为基础的植入物能够根据患者的身体状况释放某种药物、科幻小说中描述的向大脑植入以 DNA 为基础的人工智能虽然看似遥远, 但也未必无法实现。正如人类基因组提醒我们的,遗传化学物质 DNA 具有令人生畏的信息存贮能力——我们体内每一个细胞的小小细胞核中包含着构成整个人体的编码指令。电脑科学家正在仿效自然,用 DNA 技术建立一种完整的信息技术形式。

美国《时代》周刊不久前刊文认为,在不远的将来,将电脑植入人脑在技术上不成问题。电脑的硬件, 有可能变成类似我们人体的某些东

西；而我们人体也有可能变得越来越类似于电脑硬件。在这两个变化中，前者比后者要快得多。医学界认为这至少可为那些不管是先天还是后天的残疾人服务。如果谁失去了双眼，就可以通过施行某种手术，把一个视频仪连接到他的视神经上使其重见光明。今天，信息时代的迅猛发展使得我们当中的许多人就有种好像大脑中被嵌入了硅芯片的感觉。

技术上的实现，一种办法是通过手术将硬件接入我们的灰色大脑中，另一个似乎更加便利有效的办法是从大脑中提取某些细胞，再将它们与各类胶状计算物质嫁接，然后，将这些细胞送返大脑进行工作。通过这种方式，可以实现人们想要的任何功能，不再需要 20 世纪的蹩脚硬件，也不再需要那些复杂的、玻璃式的外来芯片去处理数据，并且胶状计算物质的建造也不是很难。这个较为聪明的做法可以将数据变为人脑可理解的东西。

纳米技术为实现把芯片植入大脑的设想提供了条件。随着高科技的进一步发展，人脑可以与电脑直接相连。把高性能硅芯片和人脑直接相连的开发工作，是通过在芯片上培养神经细胞来实现的。借植入脑中的芯片使人脑以碳为基础的记忆结构和电脑的芯片发生直接联系，这种联系会大大增强大脑的功能，因为芯片在存取信息方面的能力可以与人脑相媲美。那时，人类的所有知识都可以用这样的芯片方式植入大脑，人类可以免去繁重的学习任务。由于大脑联网的作用，那时人们不用通过语言就可以进行思想交流，人类的所有知识和思想都可以共享。

在 21 世纪，人类将利用纳米材料技术、仿真技术和人工生物智能机技术研制出综合型的"人造脑"。这是一个庞大的生物纳米工程，由几十个子系统组成。

我们知道，大脑是人体最复杂的部分。大脑是分区掌握各种功能

的。有"视觉中枢"、"听觉中枢"、"运动中枢"、"睡眠中枢"、"语言中枢"等,各司其职,组织结构不同。21 世纪,研制的"人造脑"先是局部的、单一的功能性人造脑。例如,"视觉型人造脑"、"听觉型人造脑"等。可以与"人造眼"、"人造耳朵"等配套使用。发展到一定阶段,综合型的"人造脑"将研制出来。

生物"人造脑",与电子电脑和人脑都不一样。电子电脑通电流才可以工作,活人大脑要通氧气才能工作。而生物"人造脑"则要通生物电流才能工作。电子电脑的基本元件是开关电路和硅芯片;活人脑的基本元件是神经元和神经元组织。而生物"人造脑"的基本元件是蛋白质大分子和主体生物芯片。生物"人造脑"的芯片的主要材料是由聚赖氨酸制成的。这种"聚赖氨酸立体生物芯片",在 1 立方毫米的立体芯片体积内含有 100 亿个"门电路",可以藏下 100 亿比特的信息量,比 20 世纪的硅芯片的储存量大 10 万倍。运算速度极快,比人脑的思维速度快 100 万倍。生物"人造脑"可以放入人体内作为人脑的辅助器,指挥人体的各个器官运作。也可以作为人工智能机器人的主件,指挥人工智能机器人思维和动作。

纳米电脑

智能"计算机"

　　人脑有 140 亿个神经元及 10 亿多个神经节,每个神经元都与数千个神经元交叉相连,它的作用都相当于一台微型电脑。人脑总体运行速度相当于每秒 1000 万亿次的电脑具有的功能。

　　人脑是最完美的信息处理系统。从信息处理的角度对人脑进行研究,并研制出像人脑一样能够"思维"的计算机,一直是科学家的梦想。20 世纪 80 年代初,在美国、日本,接着在中国,都掀起了一股研究神经网络理论和神经计算机的热潮。

　　用许多微处理机模仿人脑的神经元结构,采用类似人脑的结构设计就构成了神经电脑。神经电脑除有许多处理器外,还有类似神经的节点,每个节点又与其他许多节点相连。若把每一步运算分配给每台微处理器,它们同时运算,其信息处理速度和智能会大大提高。科学家预计,将来有了利用纳米技术制造的超级计算机,完全有可能模拟出具有人类智能的电脑。这种电脑又被称作人工大脑。

　　对于德国神经科学家彼得·佛雷莫兹来说,研制神经计算机这一目标稍嫌远了点。他正致力于研究如何使生物有机体和硅芯片结合起来,用以研究神经元的自我学习和记忆。

　　去年,佛雷莫兹领导的研究小组把两个蜗牛神经元固定在硅芯片的中间,看起来像在芯片上刻蚀出的尖状"篱笆"圈住了神经元。在以后的两天时间里,两个蜗牛的神经元长出突触,彼此连接到一起,相互间

还能够交换电信号，或与芯片上的电极交换电信号。

神经元的连接使佛雷莫兹明确地看到细胞是怎样回应这些电信号的。伴随着更多的神经元的采用，他计划研究神经网络的物理变化与记忆的存储问题。佛雷莫兹说："我们有最基本的部件，它们能把数字化元件和神经网络结合起来。下一步的工作是让硅芯片上有更多的神经元，目标是创造一个小型的自学习网络。"

美国杜克大学的科学家正在研制一种"猴脑计算机"。他们想了解并开发出服务于瘫痪者的神经弥补术。目前，他的研究小组正试验让猴脑发出信号来控制一个机器人的手臂：当猴子伸手抓取食物时，在它的脑皮层中埋植着的微电极就会读取神经信号。计算机分析这些信号，辨别大脑活动的模式，预知猴子上肢的运动方向，从而引导机器人的手臂运动。试验中，当猴子移动自己的上肢时，机器人的手臂也随着一起移动，动作协调得令人称奇。

进行这个试验的科学家认为，将来人脑也许能用导线跟外部其他的人脑或计算机连接起来，可以直接传送信号和接收反馈。利用这种技术可以创造出虚拟现实系统。在这样的系统里，登陆火星的宇航员在离开地球前，他们的大脑就能学会如何对付火星上的重力问题。

俄罗斯科学家也进行了模仿人脑的研究，并于 2001 年研制出第一个人造脑——具有人脑一样智慧的"神经电脑"。

俄科学家瓦利采夫说，俄罗斯的新式电脑模仿脑细胞 (或称神经元) 的运作方式，采用神经生理学和神经形态学的最新发现，超越过去的脑模型，制造出真正会思考的机器。但他警告说，这个科学突破也有其潜在危险，他说，新式人工脑如果处理失当会变成科学怪物。他说："这个机器必须像新生儿一样接受训练。使它成为我们的朋友而不是罪犯或敌人，这是非常重要的。"

日本科学家已开发出制造神经电脑需要的大规模集成电路芯片，在1.5平方厘米的硅片上可设置400万个神经元和4万个神经节，这种芯片能实现每秒2亿次的运算速度。富士通研究所开发的神经电脑，每秒更新数据速度近千亿次。日本电气公司推出一种神经网络声音识别系统，能够识别出人的声音，正确率达99.8%。美国研究出由左脑和右脑两个神经块连接而成的神经电脑。右脑为经验功能部分，有1万多个神经元，适用于图像识别；左脑为识别功能部分，含有100万个神经元，用于存储单词和语法规则。现在，纽约、迈阿密和伦敦的飞机场已经用神经电脑来检查爆炸物，每小时可查600~700件行李，检出率为95%，误差率为2%。

神经电脑将会广泛应用于各领域。它能识别文字、符号、图形、语言以及声呐和雷达收到的信号，判读支票，对市场进行估计，分析新产品，进行医学诊断，控制智能机器人，实现汽车自动驾驶和飞行器自动驾驶，发现、识别军事目标，进行智能决策和智能指挥等。

纳米二氧化硅

1997 年，浙江省舟山市普陀升兴纳米材料开发有限公司与中科院固体物理研究所合作，成功开发出 20 纳米的纳米 SiO_2 粉末，年产量 3~10 吨。使我国成为继美、英、日、德后世界上第 5 个能批量生产此产品的国家。此外，武汉现代工业技术研究院开发出 16 纳米的纳米 SiO_2 粉末。纳米 SiO_2 粉末的比表面积大于 600 平方米每克，而普通白炭黑仅为 100~200 平方米/每克。纳米 SiO_2 粉末的价格为白炭黑的 2 倍。SiO_2 纳米粉末的应用领域十分广泛，几乎涉及到原来所有应用 SiO_2 粉末的行业。而改用纳米级 SiO_2，后制品的各项功能，性能指标都会大幅度提高。

 ## 提高陶瓷制品的韧性、光洁度

我国是世界陶瓷制品生产大国，但陶瓷制品的质量、档次一直上不去，主要原因是脆性大、韧性轻、光洁度低。而在陶瓷制品中加入适量纳米 SiO_2，问题就会迎刃而解。

 ## 人造石

莫来石具有高的导热性和良好的力学性能，是电子工业封装的最佳原材料之一。日本从 20 世纪 90 年代开始发展人造莫来石封装材料，它由 70%纳米 Al_2O_3 和 30%纳米 SiO_2 组成。

新型橡胶材料

SiO_2 作为橡胶补强剂应用很广。添加纳米 SiO_2 的新型橡胶材料不仅具有优越的力学性能，还可以根据需要设计具有特殊性能的新型功能橡胶。例如，通过控制 SiO_2 的颗粒尺寸，可以制备对不同波段光敏感性不同的橡胶，既可抗紫外线辐射，又可具有红外反射功能。还可利用纳米 SiO_2 的高价电特性制成绝缘性能好的橡胶。

透明涂料

飞机窗口材料常用有机玻璃(PMMA)。由于在高空飞行经紫外线辐照造成有机玻璃老化，透明度下降。若在 PMMA 表面涂上纳米 SiO_2 涂层，利用纳米 SiO_2 的透明性和对紫外光的吸收特性，即可防止有机玻璃的紫外辐照老化。

重要添加剂

黏结剂和密封胶是量大、面广、使用范围宽的重要产品。然而我国在这个领域的产品比较落后，高档的黏结剂和密封胶均需从国外进口。国外在这些产品中采用了纳米粉末作为添加剂，而纳米 SiO_2 是首选材料。先在纳米 SiO_2 表面包覆一层有机材料，使之具有亲水特性，然后加入到密封胶中很快形成一种硅石结构，抑制胶体流动，固化速率快，并提高黏结效果。

抗老化添加剂

我国是油漆生产和消耗大国,但由于生产的油漆抗老化性能差,光洁度不高,每年需进口大量高档油漆,特别是车、船表面喷漆。添加纳米 SiO_2 既能使油漆抗老化,又能使油漆干燥时很快形成网络结构而增强了强度和光洁度,油漆的质地档次自然升级。

新型塑料添加剂

在塑料中添加纳米 SiO_2 既起到补强作用,又利用它的透光率好、颗粒尺寸小,使塑料变得更致密,因而提高了透明塑料的强度、韧性和防水性能。美国利用此技术制成了聚氯乙烯 (PVC)高级塑料薄膜,防水性提高了 50%。

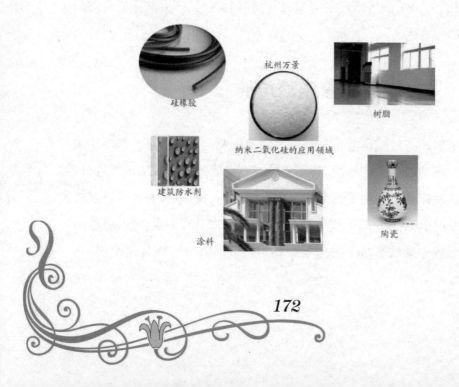

硅橡胶

杭州万景

树脂

建筑防水剂

纳米二氧化硅的应用领域

涂料

陶瓷

纳米医学

健康是现代人的追求,而医学又与人体健康息息相关。那么,纳米医学不同于传统医学的是什么呢?

我们知道人体是由多种器官组成的,如大脑、心脏、肝、脾、胃、肠、肺、骨骼、肌肉和皮肤等;器官又是由各种细胞组成的,细胞是器官的组织单元,细胞的组合作用才显示出器官的功能。那么细胞又是由什么组成的呢?按现在的认识,细胞的主要成分是各种各样的蛋白质、核酸、脂类和其他生物分子,可以统称为生物分子,它的种类有数十万种。生物分子是构成人体的基本成分,它们各自具有独特的生物活性,正是它们不同的生物活性决定了它们在人体内的分工和作用。由于人体是由分子构成的,所有的疾病包括衰老本身就都可归因于人体内分子的变化。当人体内的分子机器,如合成蛋白质的核糖体、DNA复制所需的酶等,出现故障或工作失常时,就会导致细胞死亡或异常。从分子的微观角度来看,目前的医疗技术尚无法达到分子修复的水平。纳米医学正是要弥补这个不足,它可以在分子水平上,利用一系列微小的工具从事诊断、医疗、预防疾病、防止外伤、止痛、保健和改善健康状况等工作。而且当前某些难以治疗的疾病利用纳米医学技术将能得到很好的治疗。

有了纳米技术,人们将从分子水平上认识自己,创造并利用纳米装置和纳米结构来防病治病,改善人类的整个生命系统。

首先需要认识生命的分子基础,然后从科学认识发展到工程技术,

设计制造大量具有令人难以置信奇特功效的纳米装置,这些微小的纳米装置的几何尺度仅有头发丝的千分之一左右,是由一个个分子装配起来的,能够发挥类似于组织和器官的功能,并且能更准确和更有效地发挥作用。它们可以在人体的各处畅游,甚至出入细胞,在人体的微观世界里完成特殊使命。例如:修复畸变的基因、扼杀刚刚萌芽的癌细胞、捕捉侵入人体的细菌和病毒,并在它们致病前就消灭它们;探测机体内化学或生物化学成分的变化,适时地释放药物和人体所需的微量物质,及时改善人的健康状况。未来的纳米医学将是强大的,它又会是令人惊讶的小,因为在其中发挥作用的药物和医疗装置都是肉眼所无法看到的。最终实现纳米医学,将使人类拥有持续的健康。

需要提醒的是,如果现在就跑到大夫那儿去要纳米处方,大夫会被你弄得莫名其妙。上面所谈的纳米医学景观尚处于设计和萌芽阶段,还有很多的未知领域需要去探索。例如:这些纳米装置该由什么制成?它们是否可以被人体接受并发挥预期的作用?科学家们正在全力以赴地把纳米医学的科学想法变成医学现实。

一定有人会问:纳米医学是不是科学幻想?它离我们到底有多远?还要等多久才能看到医学上的实现?事实上,它已经逐步进入我们的生活,并获得蓬勃发展。下面让我们看一看这一领域已经取得的科学进展。

 ## 纳米技术与瞌睡

人困了就要睡觉,但睡觉是什么因素在起作用呢?人们身上有没有"瞌睡虫"呢?

近年来,由于电脑、电子显微镜等先进技术的使用,"瞌睡虫"似乎已被发现了。科学家们曾做过一种实验,使一只山羊累得筋疲力尽,不让它睡觉,

然后取其一些脑髓液,再注入猫、狗或人体中,仅百万分之一克,就能使受试者沉睡几个小时,利用精密的分析方法,得知组成这种睡眠素的成分是一种睡眠肽,被称为S因子,也就是人们常说的"瞌睡虫"。另一种实验方法,则把目标选在冬眠动物上。先用人工条件使黄鼠进入冬眠,抽取其血液,注入到活蹦乱跳的田鼠体中,田鼠也马上进入冬眠。科学家深入研究,发现冬眠动物血液中存在三种奇异的微小颗粒,具有诱发动物冬眠的作用。

有趣的是,科学家通过应用生物纳米技术已经找到了好几种不同结构的睡眠素,它们在睡眠过程中能起不同的作用,有的能催眠,有的能延长睡眠的时间,有的能使睡眠更加深沉。

目前科学家正加紧研究睡眠素结构,以便找到人工合成的方法。一旦揭开其中奥秘,不仅可以使无数失眠病人解除痛苦,还给医生找到一种新疗法:手术后给病人注射微量睡眠素,使病人熟睡几天或几周,一觉醒来,伤口已愈合。利用睡眠素,宇航员在漫长的宇宙航行中沉睡几个月甚至更长时间,使人文飞向茫茫宇宙成为现实。

纳米与新药

我们平常吃药要么口服,要么打针,都不太舒服。有没有方法不用打针吃药呢?要想治病,药还是得"吃"。可是如果把药物的颗粒变成了纳米尺寸,那么就可以不用嘴来吃了,而是让我们的皮肤来"吃",也就是让皮肤来吸收药物。如果把纳米药物做成膏药贴在患处,药物可以通过皮肤直接被吸收,而无须针管注射,少去了注射的感染。

按目前的认识,有半数以上的新药存在溶解和吸收的问题。由于药物颗粒缩小后,药物与胃肠道液体的有效接触面积将增加,药物的溶解速率随药物颗粒尺度的缩小而提高。药物的吸收又受其溶解率的限制,

因此,缩小药物的颗粒尺度成为提高药物利用率的可行方法。一些原本不易被人体吸收的药物如果变成纳米药物,如把维生素等做成纳米粉或纳米粉的悬浮液则极易被人体吸收。

随着纳米技术在医药领域的应用研究和开发的深入,超细纳米技术将在医药领域发挥更重要的作用。运用纳米技术,还可以对传统的名贵中草药进行超细开发,同样服用贴药,纳米技术处理的中药可以最大限度地发挥药效。

人造胰脏

纳米生物技术的典型例子是德赛博士的人造胰脏。德赛博士在波士顿大学工作,她正在研制一种可以注入糖尿病患者体内的新药。目前病人必须注射胰岛素来控制病情,而胰岛素是在胰腺的胰岛细胞内生成的一种激素类蛋白质。德赛博士选择老鼠的胰岛细胞进行试验,这种细胞容易获得,但通常只在老鼠体内持续几分钟就被来自免疫系统的抗体破坏。这里就应用了纳米技术,虽然还相当粗糙。德赛博士将她的老鼠胰腺细胞装进布满纳米孔的膜中,这些纳米孔的直径只有 7 个纳米,是利用光刻技术获得的。这种技术也应用在计算机芯片上。当血液中的葡萄糖通过纳米孔渗透进来,胰岛细胞会相应地释放胰岛素,7 个纳米的毛细孔足以让小分子的葡萄糖和胰岛素通过。但是相对较大的抗体分子却不能通过,因而不会毁坏胰岛细胞。

迄今为止这种技术还停留在老鼠试验阶段,被植入胶囊的糖尿病老鼠在没有注射胰岛素的情况下活了好几个星期。因此这种装置有可能成为一个成功的纳米医药发明。

纳米孔胶囊也能用做传送稳定剂量的药物,这种情况下毛细孔将担

当十字形转门而不是看门者。由于比药物分子略大,这些细孔将控制药物分子的渗透率,从而保持细胞中的药量恒定,与胶囊内剩余的药量无关。德赛博士将这种胶囊比做一间带门的房子,门的宽度只能一次允许一人通过,房子里空余面积的多少更多地依赖于人们挤过房门有多快,而不是房间有多满。

 # 人造红细胞

我们人类必须时时刻刻地呼吸,因为我们需要空气中的氧气。当我们奔跑的时候,往往会觉得很累,那是因为剧烈运动要消耗很多的氧气,而呼吸又不能马上补充这种消耗,因此造成了我们身体不能得到足够的氧气,氧气不够你就会觉得筋疲力尽。有没有可能让我们总是得到充足的氧气呢?那样我们每个人或许都能成为"跑不死"。科学家正试图利用纳米技术制造一种红细胞,它有望实现我们的愿望。

纳米医学不仅具有消除体内坏因素的功能,而且还有增强人体功能的能力。我们知道,脑细胞缺氧6~10分钟即出现坏死,内脏器官缺氧后也会呈现功能衰竭。设想一种装备超小型纳米泵的人造红血球,携氧量是天然红血球的200倍以上,当人的心脏因意外突然停止跳动的时候,医生可以马上将大量的人造红血球注入人体,随即提供生命赖以生存的氧,以维持整个机体的正常生理活动。美国的纳米技术专家初步设计了一种人造红血球,这个血球是个1微米大小的金刚石的氧气容器,内部有1000个大气压。它输送氧的能力是同等体积天然红细胞的236倍。

它可以应用于贫血症的局部治疗、人工呼吸、肺功能丧失和体育运动需要的额外耗氧等。

美国密歇根大学的科学家已经用树形聚合物发展了能够捕获病毒

177

的纳米陷阱。体外实验表明纳米陷阱能够在流感病毒感染细胞之前就捕获它们,同样的方法期望用于捕获类似艾滋病病毒等更复杂的病毒。纳米陷阱使用的是超小分子,此分子能够在病毒进入细胞致病前即与病毒结合,使病毒丧失致病的能力。

通俗地讲,人体细胞表面装备着含有某些特定成分的"锁",只准许持"钥匙"者进入。不幸的是,病毒竟然有"钥匙"。要是能把这个钥匙毁掉的话,病毒就无法攻击细胞了。密歇根大学的科学家正是采用这种想法,他们制造的纳米陷阱实际上也是一个"锁",病毒携带的"钥匙"也可以插入这个锁,而且一旦插入,就无法拔出来,如此一来病毒的"钥匙"就作废了,无法再感染人体细胞了。

美国桑的亚国家实验室的发现实现了纳米技术爱好者的预言。正像所预想的那样,纳米技术可以在血流中进行巡航探测,及时地发现诸如病毒和细菌等的外来入侵者,并予以歼灭,从而消除传染性疾病。实验室的科研人员做了一个雏形装置,发挥芯片实验室的功能,它可以沿血流流动并跟踪镰刀状红细胞和感染了艾滋病病毒的细胞。

不久前美国密歇根大学生物纳米技术中心的一群科学家来到了美国陆军犹他州的德格伟试验场。他们此行的目的是为了演示"纳米炸弹"的威力。这些"纳米炸弹"当然不是什么庞然大物,而是分子大小的颗粒,其粗细约为针头的 1/5000。但它能摧毁人类的众多微生物敌人,包括含有致命的生物病毒的炭疽的孢子。在试验中这种设备的成功率竟然高达100%。作为一种抵御炭疽攻击的潜在武器,它同样具有惊人的民用价值。例如,研究人员只要调整"炸弹"中溶剂、清洁剂和水的比例,就可以为炸弹提供生物编码指令,使它杀死引起流感与疱疹的病毒。密歇根大学的科研小组现正在研制对目标极具选择性的新型纳米炸弹,它们能够趁大肠杆菌、沙门氏菌或伞氏病菌到达大肠之前进行攻击。

纳米生物导弹的构想

　　人类生病了就要打针吃药,可是进入人体内的药物并不能全部发挥作用,因为药物在循环系统的带动下,分散到了全身的各个部分,并没有集中作用到发生病变的部位。这样人吃下的药物有很多就没有作用。非但如此,多余的药物还会产生毒副作用,造成身体其他功能的损伤。

　　药物学家提出使用"纳米生物导弹"的想法。所谓生物导弹,就是具有识别肿瘤细胞和杀死肿瘤细胞双重功能的药物。它是正在研究中的一种导向型治癌药物,由于它像军事上的导弹,既能识别目标,又能摧毁目标,因此被称为"生物导弹"。

　　生物导弹由两种不同功能的分子装配而成。一种是专门识别癌细胞的分子,另一种则是可以杀死癌细胞的药物分子。这两种分子组装在一起,一旦进入体内,便在人体内随血液前进,专门寻找癌细胞进行攻击,而不损伤其他正常细胞。

　　目前想做成非常高效的生物导弹还比较困难。科学家想出了另一办法,从体外给人体施加一个磁场,这样体内的磁性纳米粒子在外加磁场的导向下集中到病变部位。磁性纳米粒子在分离癌细胞和正常细胞方面经动物临床实验已经成功,显示了引人注目的应用前景,欧美已经利用这一技术来治疗癌症患者。包敷有高分子及蛋白质的磁性纳米粒子载体携带着药物注入人体内,在外加磁场的引导下使其达到病变部位释放药物,从而达到定向治疗的目的,从而减少人体其他健康部位因受药物作用而产生不良反应。动物临床实验表明,以氧化铁为代表的纳米磁性粒子是发展这种

治疗方法最有前途的对象。

2000年,德国柏林医疗中心将铁氧体微型粒子用葡萄糖分子包裹,在水中溶解后注入肿瘤部位,使癌细胞和磁性纳米粒子浓缩在一起,肿瘤部位完全被磁场封闭,通电加热时温度达到47℃,慢慢杀死癌细胞,而周围的正常组织丝毫不受影响。有的科学家用磁性纳米颗粒成功地分离了动物的癌细胞和正常细胞,已在治疗人骨髓癌的临床实验中获得成功。还有,一些科研人员用纳米药物来阻断血管饿死癌细胞。

我国科技工作者从1982年开始从事生物导弹的研究,取得了可喜的进展。他们用丝裂霉毒素与抗肿瘤抗体进行化学连接,其药性比原来的提高100多倍,在动物身上进行试验,取得了明显的疗效。用这种生物导弹对肿瘤局部进行注射,可使肿瘤全部消除。生物导弹的奇妙作用,已引起人们的高度重视,期盼在攻克癌症上能引起药到病除的作用。这一新药肯定会在21世纪的前10年中问世,成为癌症病人的救星。这种我国成功研制出的纳米新药,只有25纳米长,但它对大肠杆菌、金黄色葡萄球菌等致病微生物有强烈的抑制和杀灭作用。用数层钠米粒子包裹的智能药物在进入人体后,可主动搜索并攻击癌细胞或修补受损组织,达到以往药物无法起到的效力。它还具有广谱、亲水、环保等多种性能,即使达到临床使用剂量的4000倍以上,受试动物也无中毒表现,且对受损细胞具有修复作用,临床使用效果显著。

近年来,我国一些科研人员应用生物导弹已治疗了一批肿瘤患者,其中75%的患者收到良好效果,有的患者经治疗后肿瘤几乎消失。其方法一般为静脉注射,连用5~7天。如果有条件,可以进行动脉插管,即将管子插至肿瘤附近的动脉,从插管内一次注入生物导弹。根据临床应用的经验,该方法对很多肿瘤都有较理想的疗效。

科学家设想未来可能制造一种纳米级药物,他们定向识别癌细胞后,会进入细胞的内部,然后引爆自身携带的微量炸药炸毁癌细胞。如果这个想法得以实现,那可真是名副其实的生物导弹。